AF313255

DU MOUTON MÉRINOS

COMPARÉ

AUX RACES PERFECTIONNÉES DE L'ANGLETERRE,

NOTAMMENT

AU POINT DE VUE DE LA PRÉCOCITÉ ET DE LA RUSTICITÉ,

SUIVI DU

RAPPORT ADRESSÉ A M. LE PRÉFET DE SEINE-ET-MARNE,

PAR LA COMMISSION DÉPARTEMENTALE,

SUR LES LAINES ET LES BÊTES OVINES

EXPOSÉES AU CONCOURS GÉNÉRAL ET NATIONAL DE 1860,

Par M. TEYSSIER DES FARGES,

PROPRIÉTAIRE-AGRICULTEUR, MEMBRE DE LA CHAMBRE CONSULTATIVE D'AGRICULTURE DE L'ARRONDISSEMENT DE PROVINS (SEINE-ET-MARNE).

> « Les naturalistes s'accordent à considérer les bêtes à
> laine des divers pays, quelques différences que l'on re-
> marque d'ailleurs dans leur taille, leur poil et la con-
> formation de leurs membres, comme des variétés d'une
> même espèce d'animaux, modifiée, dans tous les carac-
> tères qui ne lui sont pas essentiels, par le sol, le cli-
> mat, la nourriture ou les soins de l'homme. Cette
> opinion, fondée sur les raisons les plus spécieuses, et
> que les progrès de la science tendent à confirmer de
> jour en jour plutôt qu'à détruire, avait été pressentie
> et même énoncée, il y a vingt siècles, par les plus
> célèbres naturalistes de l'antiquité. »
>
> MARTIN. *Traité des bêtes à laine.*

MELUN,

H. MICHELIN, IMPRIMEUR DE LA PRÉFECTURE,

1861.

DU MOUTON MÉRINOS

COMPARÉ

AUX RACES PERFECTIONNÉES DE L'ANGLETERRE,

NOTAMMENT

AU POINT DE VUE DE LA PRÉCOCITÉ ET DE LA RUSTICITÉ,

SUIVI DU

RAPPORT ADRESSÉ A M. LE PRÉFET DE SEINE-ET-MARNE,

PAR LA COMMISSION DÉPARTEMENTALE,

SUR LES LAINES ET LES BÊTES OVINES

EXPOSÉES AU CONCOURS GÉNÉRAL ET NATIONAL DE 1860,

Par M. TEYSSIER DES FARGES,

PROPRIÉTAIRE-AGRICULTEUR, MEMBRE DE LA CHAMBRE CONSULTATIVE D'AGRICULTURE DE L'ARRONDISSEMENT
DE PROVINS (SEINE-ET-MARNE).

> « Les naturalistes s'accordent à considérer les bêtes à
> « laine des divers pays, quelques différences que l'on re-
> « marque d'ailleurs dans leur taille, leur poil et la con-
> « formation de leurs membres, comme des variétés d'une
> « même espèce d'animaux, modifiée, dans tous les carac-
> « tères qui ne lui sont pas essentiels, par le sol, le cli-
> « mat, la nourriture ou les soins de l'homme. Cette
> « opinion, fondée sur les raisons les plus spécieuses, et
> « que les progrès de la science tendent à confirmer de
> « jour en jour plutôt qu'à détruire, avait été pressentie
> « et même énoncée, il y a vingt siècles, par les plus
> « célèbres naturalistes de l'antiquité. »
>
> MARTIN. *Traité des bêtes à laine.*

MELUN,

H. MICHELIN, IMPRIMEUR DE LA PRÉFECTURE.

1861.

AVERTISSEMENT.

En 1855, M. le Préfet de Seine-et-Marne a institué une Commission à l'effet d'examiner les produits de l'Exposition universelle au point de vue des intérêts agricoles du département. Cette Commission, composée de plusieurs propriétaires et agriculteurs notables et présidée par M. Drouyn de Lhuys, a fait connaître, dans un premier rapport, le résultat de ses travaux.

La même mesure a été prise, en 1856, pour le Concours universel d'agriculture, et, en 1860, pour le Concours général et national.

Chargé, en 1856 et en 1860, des rapports concernant les laines et les animaux reproducteurs de l'espèce ovine, j'ai reproduit aussi fidèlement que possible les discussions auxquelles ont donné lieu les importantes questions que soulève ce grave sujet; mais je n'ai pu que résumer.

J'ai donc désiré donner plus de développements à certaines considérations qui ne sont qu'indiquées, et en ajouter quelques autres. A cet effet, j'ai demandé à notre honorable Président et à notre ancien Préfet, M. de Bourgoing, dont l'administration laissera de durables souvenirs, l'autorisation d'ajouter quelques pages à mon rapport et d'en faire, à mes frais, un tirage séparé. Cette autorisation m'a été accordée de la manière la plus obligeante: depuis, elle m'a été confirmée par M. le baron de Lassus Saint-Geniès, dont la sollicitude pour tous les intérêts agricoles du département nous est acquise.

Je n'ai pas besoin de faire remarquer que ce nouveau travail est mon œuvre personnelle et qu'aucun de mes honorables collègues ne saurait en être responsable. Je m'empresse, néanmoins, de reconnaître que si j'ai émis quelques idées justes, je le dois aux discussions fort instructives qui ont eu lieu dans le sein de nos commissions, et, en dernier lieu, aux lumières et à l'expérience de l'un de nos collègues, M. Roux, qui a bien voulu nous faire part de ses observations.

DU MOUTON MÉRINOS

AUX RACES PERFECTIONNÉES DE L'ANGLETERRE,

NOTAMMENT AU POINT DE VUE DE LA PRÉCOCITÉ ET DE LA RUSTICITÉ.

I.

La chair du mouton, sa laine, sa peau, l'excellent engrais qu'il fournit, en ont fait un des animaux les plus utiles, peut-être même le plus utile, et certainement le plus répandu de tous ceux qui peuplent la surface du globe.

Le génie de nos manufacturiers a su allier le moelleux et la souplesse de la laine à la légèreté du coton, et, hygièniquement parlant, les vêtements de laine sont incontestablement supérieurs à ceux de coton. Aussi les étoffes de laine ou mélangées de laine et de coton sont-elles de plus en plus en faveur (1).

Les races ovines, et particulièrement les mérinos, forment donc une des branches capitales de l'économie rurale; elles intéressent au même titre les manufactures et le commerce.

Rien de plus vrai que ces admirables paroles de Henri IV, dans le préambule de l'édit de 1599, sur le dessèchement des marais : « Le plus grand et légitime gaing et revenu des peuples procède principalement du labour et culture de la terre qui leur rend, selon qu'il plaist à Dieu, à usure, le fruit de leur travail, en produisant grande quantité de bleds, vins, grains, légumes et pasturages. De quoy non-seulement ils vivent à leur aise, mais en peuvent entretenir le traficq et commerce avec nos voisins et pays lointains, et tirer d'eux or, argent et tout ce qu'ils ont

---

(1) Voyez le travail remarquable d'un de nos agronomes les plus distingués M. A. Pommier, dans le *Dictionnaire du Commerce*, article *Laines*.

en plus grande abondance que nous. Ce que nous considérant, nous avons estimé nécessaire de donner moyen à nos subjects de pouvoir augmenter ce trésor. »

La production et les débouchés, tels sont, en effet, les deux points essentiels de la question.

Nous ne devons pas méconnaître que, parmi nous, cette question a fait de grands progrès et que chaque jour elle en fait davantage. Il y a quelques années, le comice de Meaux, qui, sous la direction de son honorable président, M. Viellot, a rendu des services réels à notre agriculture, avait nommé une Commission pour aller sur place étudier l'agriculture anglaise. A la séance générale du Comice, l'homme éminent qui la présidait, M. Drouyn de Lhuys, dont la parole, toujours écoutée et toujours sympathique, est particulièrement chère aux habitants de Seine-et-Marne, dit aux membres de cette Commission : « Partez, Messieurs, pleins de confiance; faites en Angleterre une pacifique descente, portez d'une main ferme le drapeau de notre agriculture; vous n'y trouverez pas un autre Waterloo. »

C'est qu'en effet il n'y a pas, dans la Grande-Bretagne, un seul comté qui présente un ensemble d'exploitations agricoles plus satisfaisant que la Brie. Aussi est-ce un devoir de rendre justice à l'esprit intelligent et progressif de nos cultivateurs.

L'agriculture ne vend pas ses produits directement aux consommateurs; c'est le commerce qui est chargé de ce soin, à l'intérieur comme à l'extérieur. Sans débouchés à l'extérieur, il y aurait, dans les années de prospérité, surabondance et appauvrissement ensuite. Aussi il ne saurait y avoir d'agriculture sans une bonne situation économique; l'une est la conséquence de l'autre, et réciproquement. On a pu dire, au xvie siècle, que pâturage et labourage étaient les deux mamelles de l'Etat : aujourd'hui, l'agriculture, les manufactures et le commerce se tiennent par des liens intimes. Il est donc vrai de prétendre que les avantages qu'un peuple tire de la richesse de son sol et de l'activité de son industrie ne sont pas des avantages absolus, mais conditionnels (1), subordonnés à l'état du commerce, qui dépend lui-même des débouchés. En ce moment, plus qu'à aucune autre époque de l'histoire, le commerce a une action directe et décisive sur l'économie politique des Etats. Et plus il est dégagé d'entraves, plus il est florissant. Telle est la cause vraie des succès du libre échange. Mais croire que l'abaissement des droits produira une diminution sensible sur les objets de

---

(1) Voyez sur ce point une dissertation de M. Poirson, dans son excellente et consciencieuse *Histoire de Henri IV*.

consommation et amènera la vie à bon marché, est une illusion complète. Les produits de l'agriculture ou de l'industrie ne sont acquis qu'à l'aide de la main-d'œuvre; or, la main-d'œuvre est chère, augmente tous les jours et ne diminuera pas. Donc le prix de la majeure partie des objets nécessaires à la vie ne baissera pas; autrement la production s'arrêterait, car on ne peut produire longtemps à perte. Les tarifs de douane subissent la destinée de toutes les lois humaines, qui demeurent en vigueur tant qu'elles servent aux besoins réels de la société, puis déclinent et périssent du moment qu'elles deviennent inutiles. Chercher à s'opposer à ce courant, c'est vouloir faire remonter un fleuve vers sa source.

Mais s'il est sage de ne pas lutter contre un mouvement général et irrésistible, il n'est pas moins sage de l'observer avec soin et de le diriger dans une voie avantageuse au pays.

Nous ne sommes encore qu'au début d'une révolution agricole et industrielle qui changera la face du monde. Seul, le labourage à la vapeur, quand le problème sera définitivement résolu, fera subir à la propriété une modification autrement profonde que celle qui lui a été infligée par le Code civil. La vieille Europe comme les peuples plus nouveaux sont en travail. Les Etats-Unis s'avancent chaque jour davantage vers l'Asie, où la Russie étend incessamment son influence. Nous avons fait la guerre au Japon, nous venons de la faire à la Chine, apparemment pour autre chose que pour cueillir des lauriers. C'est que, partout, l'industrie tend à suffire aux exigences du marché intérieur, et qu'il faut trouver ou augmenter les débouchés au delà des mers. Aussi voyons-nous comme un courant irrésistible entraîner les peuples civilisés vers l'Orient. Tous ces grands intérêts des peuples modernes demandent à être activement surveillés par l'œil éclairé du Gouvernement qui, tout en laissant faire, ne doit pas moins chercher à diriger des mouvements qui, chaque jour, peuvent devenir des chocs.

La plupart des hommes, même parmi les plus célèbres, peuvent quitter cette terre sans que la marche du monde en soit troublée; mais qu'une branche importante d'industrie ou qu'un animal précieux, comme le mérinos, viennent à disparaître, et immédiatement un vide immense se fera sentir.

Nous n'ignorons pas cependant qu'en France, toutes les fois qu'on entretient le public de matières purement positives, on risque fort, suivant l'expression d'un spirituel écrivain, de faire la figure que ferait un monsieur en habit noir, en lunettes et en parapluie, au milieu d'un état-major doré du haut en bas.

Quoi qu'il en soit, nous livrons ces quelques pages à l'impression trop heureux si elles peuvent être de quelque intérêt pour ceux qui voudront bien les lire.

II.

C'est une opinion généralement accréditée que le mouton mérinos est de forme défectueuse, peu précoce, dur à l'engrais, très-exigeant sous le rapport de la nourriture et beaucoup plus sujet aux maladies que les races communes perfectionnées.

Si cette opinion se fonde sur la comparaison qu'on peut établir actuellement entre ces dernières races et la généralité des troupeaux mérinos, elle est vraie, mais relativement seulement.

Si c'est d'une manière absolue qu'on l'entend, si l'on soutient que, *par sa nature même,* le mouton mérinos ne peut atteindre au même degré de perfection que ces mêmes races, cette opinion est radicalement fausse.

Nous pensons, en effet, que le mouton mérinos, comme conformation, précocité, engraissement, facilité de nourriture et rusticité, peut atteindre au même degré de perfection que les races qu'on lui oppose, et que de plus il offre l'incontestable avantage de donner une laine dont la supériorité, la valeur et la facilité de placement sont hors de doute.

Telle est la thèse que nous demandons la permission de développer aussi brièvement que possible, car nous n'ignorons pas que ceux qui peuvent s'intéresser à ces sortes de sujets ont peu de temps à donner aux nombreux écrits qu'enfantent aujourd'hui les questions agricoles.

Et d'abord, qu'on le remarque bien, nous n'entendons pas nous occuper des mérinos qui produisent des laines extrafines, comme les *belles électorales* de Saxe, quoique nous pensions que, comme taille, conformation et précocité, on puisse obtenir mieux sans nuire à la production de ces magnifiques qualités destinées aux draperies et aux nouveautés les plus fines. Nous ne voulons parler, quant à présent, que de nos mérinos actuels de la Brie et des analogues, qui produisent des laines fines d'une excellente qualité, à mèches plutôt longues que courtes, et qui sont tellement indispensables pour une foule de tissus fort recherchés que leur disparition du marché serait considérée comme une calamité par un grand nombre de fabriques qui ne pourraient les remplacer par aucune autre.

Ce que nous produisons actuellement, ce que nous devons continuer à produire, ce sont des laines mérinos intermédiaires propres à la fabrication de la draperie moyenne d'hiver, des nouveautés d'hiver, des châles, des mérinos, etc., c'est-à-dire d'une immense quantité de tissus dont la demande augmente chaque jour..

Lorsque la plupart de nos cultivateurs, après avoir contemplé ces magnifiques exhibitions de dishley et de southdown, rentrent chez eux et comparent, à ces animaux d'une perfection achevée, leurs troupeaux mérinos composés de bêtes dont la plupart sont défectueuses; que, de plus, ils entendent répéter sur tous les tons que ces animaux mangent beaucoup moins que les leurs, qu'ils sont plus précoces, plus rustiques, moins sujets aux maladies, ils sont en proie au doute et se demandent s'ils ne doivent pas changer de système pour se jeter dans une voie qu'on leur représente comme infiniment plus profitable.

Mais, si l'on va au fond des choses, la question change de face. Afin d'éviter de trop longs développements, prenons seulement deux races qui passent pour les plus beaux types des races communes perfectionnées, les dishley (1) et les southdown. Aucune des deux n'est venue au monde toute formée. Elles ont été en quelque sorte créées par le génie de l'homme.

Lorsque quelques célèbres agriculteurs anglais entraient résolûment dans la voie des améliorations, quel était l'état général des troupeaux dans la Grande-Bretagne?

Les agronomes les plus distingués de ce pays, David Low notamment, nous apprennent que leurs moutons étaient de taille médiocre, avec des quartiers légers, la poitrine étroite, l'abdomen très-développé, le rein creux, le cou long, les jambes de même, peu précoces, peu rustiques, ne portant qu'une laine grossière, en un mot, défectueux sous tous les rapports.

C'est Bakewell qui passe pour avoir le premier ouvert la voie qui l'a conduit, ainsi que les Ellman, les Jonas Webb et plusieurs autres, aux magnifiques produits que le monde entier a été à même d'admirer.

Nous ne voulons pas refaire, après tant d'autres, l'histoire des dishley et des southdown; quelques mots suffiront pour le but que nous voulons atteindre.

Bakewell commença ses essais vers 1755. Ce n'est qu'après trente ans de persévérants efforts que la race dishley, créée par lui, a commencé à acquérir de la réputation. Il l'a formée avec des moutons du comté qu'il habitait. Son but a été de produire de la viande le plus promptement et le plus économiquement possible, et il l'a atteint. Sa

---

(1) Dishley, leicester, new-leicester, c'est tout un, nonobstant les catégories établies dans les programmes officiels. Le nom de dishley vient de la ferme de Dishley, appartenant à Bakewell et située dans le comté de Leicester.

méthode a consisté dans le choix des reproducteurs, des alliances ju-
dicieuses entre eux et dans une alimentation abondante et parfaitement
raisonnée.

Le dishley, d'un aveu unanime, est lent et paresseux, mauvais mar-
cheur, peu prolifique et gros mangeur. Trop perfectionné, les os attei-
gnent une extrême finesse, ce qui est un grave inconvénient, l'extrême
finesse des os empêchant le mouton d'être rustique et nuisant à l'agne-
lage. Il faut un système osseux suffisamment proportionné, afin que le
mouton soit assez vigoureux pour se reproduire et pour subir les in-
fluences atmosphériques dont on ne peut jamais complétement le garantir.

C'est en 1778, que John Ellman (1) commença à s'occuper plus
particulièrement de la race southdown. « Elle avait d'abord, dit
Th. Ellman, le cou long et maigre, les épaules hautes, les hanches
saillantes, l'arrière-main très-affaissée, la queue très-basse, l'échine
aiguë, la côte plate, la poitrine étroite, le système osseux très-développé. » Cette race, originaire des collines calcaires de Sussex, a été
améliorée également par la méthode de la sélection et par l'alimentation. Comme pour le dishley, il a fallu consacrer à son perfectionne-
ment un grand nombre d'années.

« Le mouton southdown, dit M. Magne, n'est rustique et sobre que
pour vivre sous un climat doux et sur des montagnes semblables à
celles qui l'ont produit, où l'herbe est de bonne nature, sinon très-
abondante, et à côté desquelles se trouve des plaines fertiles pour fournir un bon supplément de nourriture quand cela est nécessaire.... C'est
par un excès de nourriture que les éleveurs de southdown ont communiqué à leurs moutons la supériorité qui les distingue (2). »

Nous ne nous occupons pas des croisements opérés en France avec
ces races, convaincu, comme nous le sommes, que cette question n'a
d'intérêt que là où nos races communes ont besoin d'être améliorées et
où le mérinos pur ou croisé est exposé à réussir médiocrement.

En définitive, c'est au prix de grandes dépenses, de soins assidus,
d'une intelligente sagacité, d'un grand esprit de discernement, d'une
opiniâtreté invincible que Bakewell, de même que ses continuateurs et
ses imitateurs, ont créé et su maintenir, dans leur état de perfection,
ces belles races.

---

(1) Voyez la brochure publiée récemment en Angleterre par Th. Ellman, des-
cendant de John Ellman, intitulée *Southdown-Sheep.* — 1860.

(2) Voyez l'excellent *Traité d'hygiène vétérinaire appliquée*, de M. Magne, ouvrage que nous aurons occasion de consulter et de citer souvent.

S'il est vrai, du moins dans les sciences positives, comme l'a dit Cuvier, que c'est la patience d'un bon esprit, quand elle est invincible, qui constitue véritablement le génie, on peut dire que ces célèbres éleveurs sont réellement des hommes de génie et qu'ils figurent parmi les plus utiles, car la faim et le froid sont les deux plus grands ennemis de notre espèce, et c'est à les combattre qu'en définitive ils se sont appliqués.

Le choix des reproducteurs, le soin apporté dans leur accouplement, l'étude des rapports qui existe entre la conformation d'un animal et son aptitude à prendre la graisse, l'application à diminuer les os, à rechercher la force de la constitution, à donner une nourriture basée sur les principes d'une bonne alimentation, telles ont été quelques-unes des préoccupations des créateurs de ces races. Et, par un heureux enchaînement, l'amélioration des troupeaux a contribué à l'amélioration de la culture, car la terre a dû produire d'autant plus qu'il fallait une nourriture plus abondante.

Mais ces races étant une fois créées, croit-on qu'il ait suffi, pour les maintenir à leur état de perfection, de regarder tranquillement s'opérer les accouplements et de laisser faire aux dieux? Croit-on qu'il ne faille pas, pour élever ces races, des soins aussi assidus et éclairés que pour toutes les autres, si l'on veut maintenir les troupeaux dans un certain état de perfection, et qu'il n'y ait pas là, comme pour les mérinos, le chapitre des déceptions? Croit-on enfin que, dans toute la Grande-Bretagne, il n'existe plus, grâce à Bakewell et à ses imitateurs, que des troupeaux de choix? Ce serait se faire d'étranges illusions.

Il y a, en Angleterre comme en France, certains cultivateurs éclairés, jouissant d'une grande aisance, qui s'appliquent à avoir des troupeaux de choix ou à élever des reproducteurs destinés à être loués ou vendus. Mais là, comme chez nous, cette industrie exige beaucoup de sacrifices. Si l'on examine avec soin l'ensemble général des existences ovines de l'Angleterre, on voit bien vite que, quand la nourriture et les soins ne sont pas parfaitement entendus, les résultats ne sont pas plus satisfaisants qu'avec nos mérinos.

Ne nous laissons donc pas prendre plus longtemps à cette grande mystification agricole, par laquelle on veut nous faire accroire que les belles races de l'Angleterre ne coûtent, relativement, presque rien à élever et à entretenir.

D'un autre côté, il ne faut pas s'imaginer qu'une trop grande aptitude à l'engraissement et à la précocité soit toujours désirable. Si tous les cultivateurs ne possédaient plus que des races arrivées à une très-grande perfection sous ce rapport, les troupeaux finiraient par être promptement détruits, car une pareille aptitude n'est rien autre chose qu'une vieillesse prématurée. Quand le système est poussé trop loin, le développement ne suit plus un cours suffisamment normal, les animaux deviennent plus exigeants, plus délicats, moins prolifiques et moins capables de bien allaiter leurs agneaux. Aussi, pour les races à viande perfectionnées, les éleveurs sont-ils dans la nécessité d'infuser de temps en temps du sang nouveau, qu'ils vont chercher parmi des reproducteurs moins précoces et plus rustiques. Les animaux trop précoces donnent une viande creuse, peu délicate, peu nutritive. Le tissu graisseux, généralement mou, est inégalement réparti et trop abondant. « Chez les principales races de l'Angleterre, dit M. Ivart (1), le tissu adipeux se montre surtout sous les muscles peaussiers et dès les premières années de la vie, tandis que. dans les races mérinos, la graisse ne se sécrète que beaucoup plus tard (2), et s'accumule en plus grande quantité dans les replis péritonéaux, non loin de la couche charnue enveloppant la membrane muqueuse du tube digestif. — Couverte d'une couche épaisse de graisse, les animaux anglais supportent des températures plus basses que cela aurait pu avoir lieu sans cette condition de leur organisation. — Mais cette couche de graisse gêne l'action des vaisseaux et des nerfs de la peau, et finit par altérer les fonctions de cet organe, je veux parler de la secrétion de la laine et de la transpiration cutanée.— Dans leur première année, les moutons anglais ont la peau souple, rose et onctueuse, la laine douce et longue; mais, à mesure que ces moutons vieillissent et que la graisse devient plus épaisse, la peau et la laine changent de caractère: la peau devient blanche et sèche, la laine moins longue, moins vivante et plus cassante. Chez de vieux béliers abondamment nourris, il arrive même quelquefois que la toison tombe par plaques. — Dans tous les cas, la laine de la première tonte est tellement supérieure à celle des tontes suivantes, qu'elle est toujours vendue séparément. — Lorsque l'embonpoint est devenu excessif, et que la vitalité de la peau est amoindrie, l'animal ne peut supporter l'effet de la chaleur par suite de la diminution de la transpiration cutanée. J'ai vu des cultivateurs anglais se trouver dans la nécessité de couvrir de vieux béliers récemment tondus; cette précaution avait pour but de les garantir de l'action directe des rayons solaires, qui serait devenue extrêmement pénible et même dangereuse. Les moutons an-

---

(1) Études sur la race mérinos Mauchamp.

(2) Cela tient à ce que les mérinos ne sont presque jamais élevés dans le but de faire de la viande. Quand ils sont préparés dans ce but, après deux ou trois générations. et nourris en conséquence dès le jeune âge, ils prennent la graisse tout aussi vite que les moutons anglais. Des expériences concluantes ont été faites dans Seine-et-Marne et ne sauraient plus laisser de doute sur ce sujet.

glais, transpirant difficilement, souffrent beaucoup de la chaleûr (1) ; une des causes qui les font souffrir est toute physique, l'on peut même faire remarquer que seuls, dans l'espèce du mouton, ils se trouvent cou-verts d'une sorte de lard répandu sur tout le corps. Si, dans certaines races méridionales, la graisse se sécrète en grande quantité sous la peau, cette sécrétion n'a guère lieu que sur une partie fort peu éten-due, la queue, par exemple, dans le mouton à large queue. »

Depuis quelque temps, les bouchers n'ont pas épargné les reproches à la viande des animaux très-précoces, et aujourd'hui la qualité de la chair est devenue une considération tout aussi importante que la quantité, en Angleterre comme en France.

Pour bien juger d'un tableau, il faut le voir dans tout son jour et dans tous ses détails, et ne pas se laisser surprendre par ce qu'on ap-pelle des trompe-l'œil. Après examen, la première impression se trouve souvent modifiée. Nous n'avons présenté ici qu'une esquisse ; nous croyons cependant en avoir dit assez pour prémunir contre un engouement irréfléchi.

Arrivons maintenant aux moutons mérinos.

Pas plus pour eux que pour les moutons anglais, nous ne voulons refaire leur histoire. Nous nous bornerons à rappeler les faits d'une manière succincte.

Dès le xvᵉ siècle, le gouvernement anglais se préoccupa très-sérieu-sement d'améliorer la qualité de la laine. Il fit venir d'Espagne, à plusieurs reprises, des mérinos. On en trouve la preuve sous Édouard IV et sous Henri VIII. Les croisements qui furent opérés influèrent sur la qualité de la laine, et de là l'origine des belles qualités des laines longues et lisses dont l'Angleterre s'enorgueillit à juste ti-tre. Car c'est encore une autre erreur, beaucoup trop accréditée, que celle qui consiste à prétendre que les Anglais négligent complétement la laine de leurs troupeaux pour ne s'occuper que de la viande. Ils ne songent pas sans doute à produire de la laine mérinos, leurs efforts ayant toujours échoué ; mais ils ne négligent aucun moyen pour amé-liorer leurs laines longues. « De nos jours, dit M. Magne, ils font en-core tout leur possible pour améliorer leurs races au point de vue du lainage. Dans ce but, ils croisent leur dishley, cependant si parfait pour la boucherie, ou avec le mouton du comté de Kent ou avec ceux du Glocestershire et du Lincolshire, moins gros de laine. Tout nous prouve même qu'ils ajoutent une grande importance aux succès qu'ils obtiennent. Quand ils parviennent à rendre la laine un peu moins

---

(1) Que serait-ce donc en France, en juin, juillet et août?

rude et la toison un peu plus étendue, ils ont grand soin d'en conser-
ver la preuve en laissant, au moment de la tonte, ici le toupet, là un
flocon de laine sur les côtes. Et cependant, quelle laine et quelle toison en comparaison de la laine de nos métis! » Si le climat, la nourriture, et quelques autres causes que nous indiquerons plus loin, ne
s'étaient pas opposés jusqu'à présent à la réussite des mérinos, les
Anglais n'auraient eu garde d'abandonner cette précieuse race, et ils
auraient bien su en faire un animal tout à la fois propre à la production de la laine et de la viande.

C'est vers la fin du xviiie siècle que l'électeur de Saxe tira de l'Espagne des béliers et du Roussillon des brebis mérinos. Ces animaux
servirent à former le troupeau électoral d'où sont sortis les reproducteurs qui ont servi de souche aux bergeries de l'Allemagne, d'où viennent aujourd'hui les laines les plus fines du monde. L'un des troupeaux les plus beaux et les plus importants de l'Allemagne appartient
à la famille Esterhazy, d'Autriche. Il ne produit pas moins d'un mil-
lion de francs de laine par an.

Les Russes ont d'abord fait venir des moutons espagnols; ensuite,
ils ont croisé avec la race électorale. Les provinces méridionales de cet
empire voient chaque jour leurs bergeries de mérinos prendre plus de
développement, et la production de la laine mi-fine, fine et très-fine,
figure environ pour moitié sur un total d'existences qu'on peut évaluer
à plus de quarante millions. Certains seigneurs russes ont, pour leurs
troupeaux à laine fine, des stud-book tenus aussi régulièrement que
ceux de l'Angleterre pour la race chevaline. L'un des plus beaux troupeaux à laine fine de la Russie appartient à M. de Nesselrode, l'autre
à la famille Kotschoubey, qui possède notamment la bergerie de
Dikanka, dans le gouvernement de Pultawa. C'est de cet immense
troupeau, qui a compté jusqu'à cent vingt mille têtes, que, dans ces
derniers temps, les Russes ont tiré presque tous leurs reproducteurs.
Nous devons ajouter que beaucoup d'autres troupeaux rivalisent avec
ceux-là pour la finesse, ainsi sont ceux de MM. Philibert, Vassal, français qui se sont établis en Russie, Komar, etc. Mais le commerce considère néanmoins la nature de la laine des deux premiers troupeaux
comme préférable à celle des autres.

A la fin du siècle dernier, dit le général Jusuf (1), des baleiniers
anglais capturèrent, dans les mers du Sud, un navire espagnol qui
conduisait au Pérou trente bêtes mérinos. Telle est l'origine des célèbres laines australiennes qui se vendent dans un marché spécial tenu

____

(1) Rapport sur la question ovine dans la division d'Alger.

à Londres et que fréquentent les plus grands fabricants du monde entier.

L'on sait les progrès importants que les mérinos ont fait au Cap et sur plusieurs autres points des colonies anglaises, et avec quelle suite et quelle ténacité l'Angleterre en favorise le développement.

Les États-Unis se livrent aussi avec ardeur à l'élève du mérinos, et ils réussissent.

C'est de l'Espagne que sont partis originairement tous ces reproducteurs qui peuplent le monde, qu'on améliore, dont chaque jour on augmente le nombre et que quelques anglomanes voudraient faire disparaître de France.

On prétend que la réputation des laines d'Espagne remonte au premier siècle avant l'ère chrétienne; qu'à cette époque Columelle introduisit des béliers d'Afrique qu'il croisa avec des brebis indigènes. Quoi qu'il en soit, jusqu'au commencement du xixe siècle, l'Espagne a approvisionné l'Europe de laine fine. Peu à peu la France et l'Allemagne lui ont fait une concurrence redoutable, puis la Russie et les colonies anglaises. Les malheurs qui ont accablé ce beau pays ont amené l'abâtardissement de ses belles races, et aujourd'hui ses laines, dont les meilleures viennent de Léon, de l'Estradamure et de la Castille, sont inférieures aux nôtres. Cependant des jours meilleurs semblent renaître, et l'attention semble se porter sur l'amélioration de cette importante industrie. Plaise à Dieu que l'Espagne, dont on a dit qu'elle possédait une immense somme de richesses et sur terre et sous terre, retrouve définitivement la tranquillité politique et avec elle la grandeur et la prospérité qui en ont fait à une certaine époque le pays le plus florissant du monde.

L'Italie possède des troupeaux, dont quelques-uns donnent des laines très-nerveuses, longues et blanches. Dans cette partie de l'Europe, si favorable au mérinos, il y a beaucoup à faire. Espérons qu'une fois tranquille sur ses destinées politiques, l'Italie donnera une vive impulsion à l'industrie agricole, que ses pères ont honorée plus qu'aucune autre nation du monde et qui a été l'une de ses gloires les plus pures.

Tous les plateaux de l'Asie Mineure (1), chargés de plantes odoriférantes, et des pays qui l'avoisinent, sont couverts d'immenses troupeaux, dont la variété la plus répandue est le mouton à large queue, à chair savoureuse, mais à laine commune. Sa graisse donne lieu à un commerce très-actif. Mais aucun choix, aucune amélioration n'ont lieu, de sorte que ces belles laines tant vantées par les anciens ont complétement disparu.

---

(1) Description de l'Asie-Mineure, par Tchihatcheff.

En France, l'introduction du mérinos ne remonte pas à une époque éloignée. M. Bernoville prétend que ce fut le président de la Tour d'Aiguis qui, avant le règne de Louis XVI, tenta les premiers croisements. Il échoua d'abord, dit-il, avec le bélier d'Afrique; mais, en 1757, il réussit complétement avec des béliers espagnols. C'est donc à lui, suivant le même auteur, que nous devons l'introduction en France de cette belle race mérine qui produit aujourd'hui l'une des meilleures laines du monde et qui est pour nous la source d'un commerce si important.

En 1776, Louis XVI obtint du roi d'Espagne deux cents béliers de la race pure de Léon et de Ségovie, qu'il confia au naturaliste Daubenton qui, depuis dix ans, s'occupait, sans grand succès, de croisements entre les races du Roussillon, de Flandre et d'Angleterre, ce qui prouve que les croisements entre nos races et celles de l'Angleterre ne datent pas d'hier (1). Comme toujours, on déclara d'une réussite impossible la tentative de Daubenton. Mais il prouva que l'acclimatation du mérinos était possible en France, et l'on peut dire qu'il est véritablement le fondateur de l'industrie des mérinos dans notre pays. Aussi pouvons-nous appliquer ici cette réflexion que faisait Cuvier à propos d'une des belles découvertes du chimiste Davy : « De pareils exemples peuvent consoler bien des amours-propres; ce que nous désirerions surtout, ce serait qu'ils se missent en garde contre une résistance naturelle à l'esprit humain, qui, sans doute, a été utile quelquefois, en repoussant de vains systèmes, mais qui, en mainte occasion, a opposé aussi aux progrès des sciences des obstacles plus durables que ceux dont nous venons de parler. »

Les essais de Daubenton avaient fait concevoir les plus légitimes espérances. Louis XVI obtint encore du gouvernement espagnol, qui ne donnait son consentement qu'à regret (2), l'autorisation de faire

---

(1) Voyez, pour la confirmation du fait, l'excellent rapport de M. Bernoville, sur l'exposition universelle. Ceux qui s'intéressent à toutes ces questions ne sauraient trop le lire.

(2) M. de Bourgoing raconte qu'un des propriétaires français à qui on avait fait passer un détachement du troupeau de Rambouillet, et même un des bergers espagnols qui l'avaient conduit en France, ayant, au bout d'un an, ramené ce berger à Paris, et ayant cru devoir le présenter à son ambassadeur, M. d'Aranda, en fut froidement accueilli, et reçut pour toute réponse aux remercîments qu'il lui faisait comme représentant de la cour à laquelle la France devait ce commencement de bienfait : « Ne me remerciez pas, Monsieur, car si l'on m'eût consulté, jamais un seul mouton espagnol ne fût passé en France. » Aujourd'hui les temps sont bien changés ! Témoin, l'empressement que mettent à l'envi toutes les nations du globe pour favoriser l'œuvre de la Société d'acclimatation.

M. de Bourgoing donne des détails très-intéressants sur les troupeaux d'Espa-

venir trois cent soixante béliers ou brebis, qui furent expédiés par l'entremise et les soins de notre ministre plénipotentiaire, M. J.-F. de Bourgoing, l'un des ancêtres de l'ancien préfet de Seine-et-Marne. Ces animaux devinrent la souche du troupeau de Rambouillet. Une nouvelle introduction des mérinos d'Espagne eut lieu plusieurs années après, par suite du traité de Bâle, signé le 4 thermidor an III (22 juillet 1795), et dès lors, indépendamment des établissements modèles qui furent formés, on commença à répartir des reproducteurs parmi les cultivateurs notables.

Les guerres de l'Empire, puis les invasions de 1814 et 1815, empêchèrent que la diffusion et l'amélioration de la race mérine fît tous les progrès qu'on était fondé à espérer. Ce n'est que peu à peu qu'on parvint à répandre et à améliorer cette race précieuse, et, malgré les progrès accomplis aujourd'hui, nous sommes encore loin de la perfection qu'on peut atteindre.

Actuellement, les mérinos se trouvent principalement, en France, dans la Brie, la Beauce, le Soissonnais, la Champagne, quelques parties de la Bourgogne, le Vexin, la Provence, le Roussillon. Nos laines les plus fines sont fournies par le célèbre troupeau de Naz.

L'Algérie cherche également à améliorer ses troupeaux. Dans le rapport déjà cité, le général Jusuf estime à dix millions les existences ovines de notre colonie d'Afrique. En agissant avec persistance et ténacité, dit cet officier distingué, avec esprit de suite et d'observation, il serait possible de faire de notre colonie une seconde Australie pour la production des laines, mais avec cette différence que nous ne serions qu'à quarante heures de la métropole.

Nous doutons cependant qu'on puisse obtenir en Algérie les qualités de laines qu'on obtient en Australie. Le sol et le climat s'y opposent. Mais qu'on puisse grandement améliorer, c'est un fait incontestable.

Voyons maintenant quel était l'état des troupeaux en France lors de l'introduction des mérinos, quel il est et quel il devrait être ?

Avant l'introduction des mérinos, la France ne produisait que des laines communes. Toutes les laines fines employées par nos manufactures venaient d'Espagne. Nos races étaient mal conformées, aussi dé-

---

gne, les résultats de nos premiers essais, et sur les principaux propriétaires ou cultivateurs qui les tentèrent. Tous ceux qui voudront être renseignés sur ces divers points devront recourir au chapitre III de cet ouvrage, fort intéressant d'ailleurs sur tout ce qui concerne l'Espagne de cette époque. (Voyez *Tableau de l'Espagne moderne*, par J.-F. de Bourgoing, ancien ministre plénipotentiaire à la cour de Madrid, etc.)

fectueuses au moins que celles des Anglais à leur début, peu rustiques, constamment décimées par les maladies, en un mot, et sauf de
très-rares exceptions, dans un état pitoyable, état qui tenait principalement à la mauvaise nourriture et au manque de soin.

Aujourd'hui, là où règnent encore à peu près sans partage nos an-
ciennes races, nos moutons sont des plus médiocres sous tous les
rapports.

Il ne faut pas remonter à plus de vingt-cinq ans en arrière (1),
pour trouver dans quelques départements seulement, notamment dans
Seine-et-Marne, Seine-et-Oise, l'Oise, l'Aisne, la Côte-d'Or, Eure-et-
Loir, le Calvados (2), un ensemble de troupeaux satisfaisant. Dans ces
départements, et jusque vers 1830, on a produit, avec des bêtes de petite taille et d'une conformation assez mauvaise, des laines extrafines
qui servaient à la fabrication de nos draperies supérieures, livrées à la
consommation par Sedan et Louviers. Ces laines pouvaient rivaliser
avec les belles électorales de Saxe, qui n'entraient alors en France
qu'en très-minime quantité. C'est vers 1830, époque où l'emploi du
peigne prit un développement qui s'est rapidement accru, et où les
laines extrafines d'Allemagne ont été introduites en grande quantité, que nos races ont été modifiées pour produire ces belles laines
fines si utiles aujourd'hui pour la fabrication d'une foule de tissus.
D'un autre côté, il n'y a pas plus d'une dizaine d'années qu'on a
commencé à se préoccuper de la viande. Auparavant, on ne songeait
qu'à la laine.

Il résulte de là qu'à part quelques troupeaux d'élite, l'état de nos
mérinos laisse beaucoup à désirer, notamment comme conformation et
comme aptitude à prendre la graisse.

Si, indépendamment du tact et de l'expérience indispensables pour
diriger avec succès l'amélioration des troupeaux, on se rend compte
des nécessités de la culture, on comprendra comment les progrès ne se
font pas aussi vite qu'on le voudrait. Plus que dans toute autre industrie, le grand maître, en agriculture, c'est le temps.

Quel est, en effet, l'état de l'industrie du mouton chez les cultivateurs? Une partie d'entre eux achètent pour engraisser, ne gardant,

---

(1) Nous n'avons pas besoin de faire remarquer que nous nous plaçons à un
point de vue général. Il serait injuste de méconnaître les efforts si intelligents de
quelques éleveurs habiles, dont les troupeaux ont servi à améliorer progressive-
ment nos races et à les amener au point où elles sont.

(2) Les mérinos du Calvados ont pour origine l'introduction que M. de Polignac
en a faite, dans ce département, au commencement de la Restauration, et sur une
très-grande échelle.

quand la saison d'engraisser est passée, que le strict nécessaire afin de faire de l'engrais. Ceux-là s'inquiètent peu d'améliorer et ne font qu'une petite quantité d'élèves. D'autres (c'est le plus grand nombre dans la Brie) élèvent, et, parmi eux, beaucoup louent des béliers à des cultivateurs qui en font une spécialité. Mais l'amélioration est toujours fort lente, parce que, si le bélier est de choix, toutes les brebis sont loin de l'être, et qu'au lieu de réformer toutes celles qui sont défectueuses, on cherche à obtenir le plus d'agneaux qu'on peut. De là beaucoup d'animaux qui laissent à désirer et qui produisent eux-mêmes des bêtes bonnes à supprimer. Pourquoi donc, dira-t-on, ne pas frapper un coup décisif? C'est que le cultivateur a besoin d'une certaine quantité de moutons pour son exploitation, et que réformer pour remplacer par des sujets de choix, toujours difficiles à trouver d'ailleurs, c'est lui demander un sacrifice qu'il est la plupart du temps dans l'impossibilité de faire. Aussi les seules bêtes vendues chaque année par la boucherie sont-elles seulement celles qui sont hors d'âge, complétement défectueuses, ou dont le profit en laine diminue; cette réforme n'a lieu d'ailleurs que dans la proportion des agneaux qui sont nés ou doivent naître.

D'un autre côté, le régime a été le plus souvent mauvais, surtout avant l'extension de la culture des racines, dont l'importance n'a été sentie de la généralité de nos campagnes que depuis peu d'années seulement. Enfin, nous l'avons déjà dit, on commence à peine à s'occuper de la viande.

Les troupeaux n'avaient, le plus souvent, pendant une partie de l'année, qu'une nourriture médiocre, souvent insuffisante. Renfermés dans des bergeries mal aérées, sur du fumier accumulé pendant plusieurs mois, respirant des miasmes délétères, ils souffraient et contractaient le germe d'une foule de maladies. Mais il est inutile d'insister sur ces inconvénients si graves, qui ne sauraient être niés par tous ceux qui ont vu les choses de près.

Et ce sont des troupeaux ainsi traités qu'on a voulu comparer aux races perfectionnées de l'Angleterre, pour déclarer ensuite qu'ils étaient impropres à la boucherie! Afin de fortifier cette thèse, on a eu la belle idée de mettre ensemble des moutons anglais ou croisés anglais, préparés par une longue suite de générations, avec ces mérinos, et comme les premiers profitaient plus vite que les seconds, on a crié triomphalement que le fait était démontré. Mais pour que la démonstration fût exacte, il aurait fallu prendre des mérinos préparés par une suite de générations comme les moutons anglais ou leurs croisements, et dans le même but. C'est comme si, pour juger du mérite de la laine, on comparait un mouton anglais avec un mérinos, sous prétexte qu'ils auraient été élevés ensemble et soumis au même régime pendant un certain temps.

Si l'on s'attache à choisir parmi les mérinos ceux qui, par leur conformation et leur constitution, offrent le plus d'aptitude pour l'engraissement, si on les soumet à une hygiène rationnelle, si, dans les premiers mois, on pousse au développement du système musculaire, on obtiendra, après deux ou trois générations, des résultats aussi complets qu'avec les meilleures races anglaises et l'on aura une laine infiniment supérieure. « On ne saurait trop insister, dit Royer, auprès de nos éleveurs français, sur la nécessité impérieuse de nourrir abondamment, et avec leurs meilleurs fourrages, les animaux qu'ils produisent, afin de leur donner la précocité si désirable qui manque à presque toutes nos races. Lorsque les animaux sont jeunes, il n'y a pour ainsi dire pas, pour eux, de ration d'entretien, tout le fourrage s'assimile, ou à peu près, et se trouve payé par un développement des tissus musculaires, osseux, etc., qui augmente le poids simultanément avec le tissu graisseux, si facile à obtenir à cet âge, et beaucoup plus que ce dernier. Quand les animaux sont adultes, au contraire, une partie notable de la nourriture (3/8mes au moins, et souvent plus) ne contribue en rien à l'augmentation du poids, parce que le tissu graisseux reste seul alors, ou à peu près, susceptible de développement. » Une autorité non moins éminente, M. Magne, dit aussi : « Nous ne croyons pas que le bélier anglais soit indispensable pour créer les races précoces. *La précocité se développe toujours* quand on distribue, dès le jeune âge, d'abondantes rations d'avoine ou de tourteaux. C'est *exclusivement du mode d'élevage*, d'une castration complète, d'une bonne nourriture et du repos que provient cette qualité : nous voyons aujourd'hui à tous les marchés de Sceaux des moutons gras de toutes les races, même de celles qui sont réputées les plus tardives, qui n'ont pas encore perdu leurs premières pinces. Les métis sont vendus aussi jeunes que le permettent les convenances de notre économie rurale; ce n'est jamais le tempéramment qui est une cause de retard. »

Bonne conformation, constitution robuste et nourriture appropriée au but qu'on se propose, tels sont les points essentiels que l'éleveur ne doit jamais perdre de vue.

En sommes-nous d'ailleurs, en ce qui concerne les mérinos, à l'état d'hypothèses? Nullement. D'habiles éleveurs de Seine-et-Marne ont obtenu des résultats assez remarquables pour qu'ils puissent défier les meilleures races de l'Angleterre, même au point de vue de la quantité de nourriture absorbée. Ils peuvent certifier que plus leurs troupeaux s'améliorent, plus ils ont de nature, moins ils sont exigeants, mieux ils profitent et conservent de l'état, plus vite ils prennent la graisse. On le nie, il est vrai; on prétend que les dépenses absorbent et au-delà les bénéfices, que l'amour-propre seul est en jeu , qu'au lieu d'aider au progrès, c'est l'entraver, etc., etc. Il faut laisser dire et marcher.

Quelles seraient donc les causes qui s'opposeraient à ce que les mérinos fussent, indépendamment de la laine, bons producteurs de viande? Quelles raisons physiologiques a-t-on à faire valoir? Qu'on nous l'explique.

Admettons que, pour les laines extrafines, ce qui est contestable, il existe, entre les animaux de même race, un rapport entre la finesse de la laine, la taille et le poids du corps; ce rapport n'existe plus lorsqu'il s'agit de comparer des races différentes, car on voit de petits moutons avoir des laines très-communes, et des moutons beaucoup plus grands avec des laines fines. Bien mieux, pour les laines fines intermédiaires, qui sont les nôtres, entre races semblables, il est évident que ce rapport n'existe pas davantage. Autrement, comment pourrait-on expliquer que des éleveurs, notamment M. Dutfoy, obtiennent, avec des reproducteurs d'une grande et forte branche, une laine fine intermédiaire de premier choix.

La finesse de la laine ne s'oppose pas davantage à la perfection des formes, non plus que le tassé à l'aptitude à prendre la graisse. Aux concours universels, à ceux de Poissy, on a pu comparer des mérinos, des anglo-mérinos, des dishley et des southdown, et on a pu se convaincre que les mérinos ne le cédaient aux autres races ni comme poids, ni comme perfection de formes. Dira-t-on que la viande du mérinos est de moins bonne qualité? sans doute si on compare celle d'un vieux mérinos avec celle d'un jeune southdown (1). Mais quelle différence peut-on faire, même un gourmet, à égalité d'âge, bien entendu, entre un gigot de pré-salé provenant d'un mérinos et le même gigot provenant d'un mouton commun.

C'est la qualité de la nourriture qui fait la qualité de la viande. La race n'y est pour rien.

Le poids de la toison n'est pas davantage un obstacle au développement du système musculaire, car des races communes, très-bonnes pour la boucherie, dépouillent des toisons plus lourdes que celles des mérinos. Il serait trop long de rappeler tout ce qu'on aurait à dire pour

---

(1) « C'est mon opinion, dit John Ellman, que le mouton qui produit une laine fine est plus fin et a une chair meilleure que le mouton à toison grossière. » Ainsi, voilà un des premiers éleveurs de l'Angleterre qui vient contredire des idées généralement acceptées en France comme une vérité démontrée. (Voy. p. 19 de la brochure déjà citée.)

fortifier notre thèse; nous ne pourrions d'ailleurs que répéter ce qu'un homme plein de lumières et d'expérience, M. Magne, a si bien établi dans son excellent livre sur les races d'animaux domestiques. « En résumé, dit le savant professeur, la même race ovine peut être apte à donner de lourdes toisons en proportion de son poids, de la belle laine intermédiaire, sinon fine, beaucoup de viande, et même à être aussi précoce que le comportera le mode d'entretien du troupeau. — Nous devons donc chercher à améliorer nos races pour la boucherie en développant la poitrine, afin d'accroître leur aptitude à se bien nourrir; en rendant les lombes larges et la croupe horizontale, afin d'augmenter la quantité de la viande là où elle est de première qualité; enfin, en diminuant le poids des parties, du cou, de la tête et des pattes, qui ont relativement très-peu de valeur. Mais, en même temps, nous devons chercher à produire des moutons laineux sur toute la surface du corps, et à rendre la toison tassée, demi-fine et fine même, afin de profiter des dispositions de notre sol et de notre climat à produire des laines fines, souples et nerveuses. » Que les cultivateurs se pénètrent des vrais principes en matière d'élevage, et ils atteindront le but; leurs mérinos, producteurs de laine fine, seront également bons pour la boucherie; ils auront autant de rusticité que les races communes améliorées et leur donneront un bien autre profit.

Sous le rapport des maladies, nous estimons qu'à égalité d'âge, de santé, de régime, toutes les races perfectionnées se valent, et que si l'une est plus sensible dans certains cas, l'autre l'est également davantage dans d'autres. Le mérinos, par exemple, est plus sensible à une pluie prolongée; sa toison étant plus tassée, toujours chargée de beaucoup de suint, lorsqu'elle est traversée par la pluie, elle conserve pendant longtemps une fraîcheur qui est perfide, et telle est l'une des causes qui ont empêché le mérinos de réussir en Angleterre, indépendamment des aliments qui sont comme hydropiques et ne conviennent pas pour les laines fines. Mais, en somme, ces inconvénients ne sont pas absolus, puisqu'ils peuvent être facilement évités, du moins chez nous. Les cultivateurs soigneux, qui prennent les précautions convenables, ont des troupeaux en parfaite santé et n'éprouvent pas plus de perte que ceux qui ont des races communes perfectionnées. Enfin, nous ne cesserons de le répéter, il ne faut comparer que ce qui est comparable, c'est-à-dire qu'il ne faut pas mettre en parallèle un troupeau défectueux avec un troupeau déjà perfectionné, un troupeau soigné d'une manière intelligente avec un troupeau soigné d'une manière souvent toute contraire. Bref, pour porter un jugement sûr, il faut discerner avec tact le pour et le contre. Autrement, ainsi qu'on l'a dit avec raison, on est exposé à commettre l'erreur de ce brave homme qui, ne connaissant pas même les lettres de l'alphabet, demandait à un opticien des lunettes avec lesquelles il pût lire couramment.

Si donc rien ne s'oppose à ce que nous produisions à la fois la laine et la viande, n'est-il pas évident que le mérinos, qui se prête le mieux à cette double combinaison, doit être préféré à toute autre race?

Nous terminerons en ajoutant quelques mots à ce que nous avons dit dans notre rapport sur les qualités plus spéciales de la laine mérinos et sur son emploi dans l'industrie manufacturière, afin de faire mieux comprendre combien elle offre au producteur plus d'avantage que les autres sortes.

III.

La laine, chez le mouton, remplace le poil dont sont revêtus la plupart des animaux. Si l'on examine à la loupe un brin de laine, on voit qu'il se compose d'un filet de substance solide; que son enveloppe extérieure est revêtue de petits crochets ou lamelles, dirigées de la racine à la pointe; qu'à l'intérieur il existe un tube très-fin rempli d'une susbtance onctueuse, substance qui se trouve également à l'extérieur et constitue le suint; elle est du reste tellement imprégnée dans le brin, que, malgré le lavage, il reste toujours du gras, qui sans doute donne la douceur et le moelleux à la laine; sans ce gras, elle est cassante et perd toute sa qualité.

Le brin prend naissance dans une glande qui est en communication avec des filets nerveux et des vaisseaux sanguins du tissu cellulaire; il traverse le derme et l'épiderme, sous forme de tube, et se modifie, d'après certains naturalistes, suivant la configuration des pores de la peau qui lui sert de moule.

On a prétendu que la finesse de la laine était proportionnelle à la finesse de la peau. Cette assertion n'est pas exacte, absolument parlant. Sans doute, les moutons à laine fine ont généralement la peau fine; mais il est non moins vrai que des moutons à laine commune peuvent avoir également la peau très-fine. Attribuer la finesse de la laine uniquement à l'état de la peau, c'est partir d'une donnée qui n'est pas rigoureusement exacte et qui n'est d'ailleurs nullement démontrée. Suivant nous, elle tient principalement au sang.

Dans une brochure qui contient de très-bonnes observations pratiques, M. Lhomme remarque, avec grande justesse, qu'un mouton qui est malade perdrait une partie de sa toison, s'il n'était pas tondu. La laine d'un mouton mort de maladie est si bien morte avec l'animal, qu'elle perd entièrement son élasticité et ne prend pas même la teinture. Il en est de même dans le duvet des volatiles. La plume, prise sur une oie morte de maladie est pesante, elle s'affaisse et n'a aucune qualité; celle qui est prise sur une oie tuée est déjà moins lourde; elle a plus de force, plus de ressort, elle se soutient davantage. Prise sur une oie vivante, elle a le ressort et l'élasticité qui conviennent pour faire ces oreillers et ces édredons qui n'ont de mérite que dans leur légère plénitude. Deux livres de cette plume font plus d'effet que six livres de la première; il semble qu'elle conserve la vie qu'avait l'animal lorsqu'on l'en a séparée.

On distingue les laines en laines courtes et en laines longues.

Nous entendons par laines courtes toutes celles qui proviennent des mérinos et rentrent dans la catégorie des laines fines; les laines longues comprennent toutes celles que donnent les races anglaises, les croisements anglais et les autres races communes, sauf, pour le tout, bien entendu, différents degrés de finesse.

Les qualités principales de la laine sont l'élasticité, la finesse, le nerf, la douceur, le moelleux, l'égalité des brins entre eux et la blancheur.

Plus la laine est blanche mieux elle prend la teinture.

Le suint forcé, le jaune, la terre, le crottin, l'humidité, les menues pailles, les graines, les graterons, dans les toisons, sont autant de causes de dépréciation, et les mauvaises pratiques de certains cultivateurs qui cherchent à augmenter le poids des toisons sont d'autant plus déplorables que, parfaitement connues aujourd'hui, elles ne trompent plus personne et tendent à engendrer des maladies dans les troupeaux.

Sur le dos du mouton, la laine est ordinairement divisée en mèches composées chacune de plusieurs brins. Les meilleures laines et les plus fines forment des mèches dont tous les brins sont à peu près égaux et conservent leur volume dans toute leur longueur. Elles doivent être régulièrement ondulées; plus il y a d'ondulations, meilleure est la laine et plus elle a d'élasticité. Les mèches qui sont volumineuses à leur base et pointues au sommet, irrégulièrement ondulées, dont les brins sont enlacés les uns dans les autres, qui ont crû en assez grande quantité isolément avec de grandes inégalités dans la finesse, constituent des laines de qualités inférieures.

Les laines de bonne qualité ne sont fournies que par des animaux en bonne santé et qui n'ont pas souffert, notamment par suite d'une nourriture insuffisante. Dans ce dernier cas, la laine s'altère, devient sèche, cassante, irrégulière. A tous les points de vue, nous ne cesserons de le répéter, la nourriture a une énorme influence sur le mouton, plus peut-être que sur tout autre animal domestique.

Les laines longues servent principalement à la fabrication d'étoffes rases; les laines courtes à celles des tissus foulés, qui comprennent la draperie. Ces dernières doivent donc pouvoir feutrer.

Remarquons que certaines laines communes feutrent; mais elles ne servent qu'à la fabrication des draps très-communs. En général, les laines anglaises ne feutrent pas; ce sont des laines lisses.

Les étoffes rases sont faites avec des laines peignées; les étoffes foulées avec des laines cardées. Les laines longues servent seulement pour le peigne; les laines courtes servent aujourd'hui pour le peigne et pour la carde, ce qui constitue à leur profit un immense avantage.

Un mot maintenant sur les opérations du cardage et du feutrage (1).

Pour fabriquer un tissu feutré, il faut, après l'opération du triage (2) et du lavage, procéder au cardage. Une fois cardée, la laine est filée, puis tissée et enfin foulée pour la faire feutrer.

Le cardage a pour but de mêler entre eux les filaments de la laine, afin de la rendre propre au feutrage. On y parvient en les hachant, à l'aide de machines, en un nombre infini de petits fragments qu'on mélange entre eux. « Par la disposition vrillée qui est caractéristique de la laine, dit David Low, chaque portion de filament se courbe à son extrémité, et les parties coupées ou divisées tendent à s'accrocher les unes aux autres, de telle sorte que, lorsqu'on déchire violemment une portion de cette laine, ses fragments restent adhérents et peuvent encore être tissés ou filés... Par l'action des cardes, la laine est divisée en petits fragments qui s'enlacent les uns aux autres, grâce à la propriété que nous venons de rapporter, et sont disposés en longs rouleaux qui, lorsqu'ils sont étirés et tordus, forment le fil. Ce mode particulier de filer la laine est en rapport avec l'espèce de tissu qu'elle doit fabriquer, et particulièrement le drap, qui est une étoffe d'une texture

---

(1) On comprend que notre but n'est pas d'entrer dans le détail des nombreuses opérations qu'il faut accomplir pour fabriquer les étoffes rases ou feutrées. Nous ne voulons présenter qu'une idée sommaire des deux procédés principaux auxquels donne lieu l'emploi des laines. Peut-être pensera-t-on, au premier abord, que ce soin était inutile; mais, chose à peine croyable, la plupart de nos cultivateurs n'ont aucune idée des notions les plus élémentaires concernant ce sujet.

(2) On sait que chaque toison contient des parties de laine d'une qualité différente, suivant la partie de l'animal d'où elle provient.

4

dense et serrée, tandis que les étoffes fabriquées avec des laines lisses, sont d'une texture plus légère et plus claire. Les draps acquièrent leur plus grande densité au moyen du foulage ou feutrage. Le foulage est basé sur la tendance des filaments de laine à s'unir sous l'influence de lapression et de l'humidité. En la comprimant lorsqu'elle est humide, une masse de laine devient un corps dense comme celui des chapeaux en castor, qui sont formés de laine et de poils d'animaux également comprimés à l'état humide. Par ce seul procédé (1), et sans l'intervention de la filature et du tissage, on peut même faire du drap; ainsi, dans l'ancien temps, et encore aujourd'hui chez quelques peuples du Levant, on fabrique, par le feutrage seulement, des bonnets, des manteaux, des couvertures, des tapis et des étoffes pour couvrir les tentes. »

Le peignage se propose un but tout contraire au cardage. Au lieu de chercher à hacher et à mêler la laine, il s'applique à la lisser et à disposer les brins parallèlement, et à peu près comme on fait du chanvre et du lin. Après avoir été peignée, la laine est filée, puis tissée. Par les procédés actuels de la filature, on arrive à un degré de finesse incroyable.

Nous terminerons ces observations sommaires sur l'emploi de la laine en faisant remarquer qu'il ne suffit pas, pour obtenir des laines d'une bonne qualité, d'apporter beaucoup de tact et de soin dans le choix des reproducteurs, mais qu'il faut encore veiller incessamment au régime de ces précieuses bêtes. La nourriture notamment a une influence considérable sur la qualité et la quantité de la laine. Mais bien nourrir ne signifie pas nourrir avec excès; ce qui importe, c'est de procéder avec régularité, d'alterner ou de mélanger les aliments avec discernement. Chez les animaux, comme chez les hommes, la même substance ne saurait fournir une alimentation saine et fortifiante. « Ils doivent trouver, disait dernièrement avec raison M. Payen, dans leur nourriture, d'ailleurs appropriée à leurs organes digestifs, toutes les substances, et en proportion convenable, qui doivent servir à la réparation et au développement de leurs tissus. » Selon un vieux proverbe, nourriture passe nature, et cette fois rien n'est plus vrai. L'amaigrisse-

---

(1) La laine a été la première matière appropriée aux vêtements de l'homme. On a commencé par la feutrer; l'idée du feutrage put venir aux premiers pasteurs en observant la manière naturelle dont cette opération s'effectue sur le dos même du mouton qu'on ne tond pas et qui n'est l'objet d'aucun soin. Les anciens la perfectionnèrent bientôt; ils employèrent les acides à faciliter le feutrage, et ils composèrent des feutres qui résistaient au fer et au feu, tandis que les nôtres résistent à peine à l'eau. On sait que les soldats samnites portaient des cuirasses de feutre. Plus tard, vint le filage et le tissage de la laine. (Voy. Bernoville, loc. cit.)

ment nuit à la production de la laine; trop de graisse sous la peau nuit à la fonction de cet organe, et par suite à la sécrétion de la laine. Certains aliments, comme la pulpe de betteraves, donnée en trop grande abondance, dénaturent la laine qui devient molle, sans nerf ni élasticité, dure et cassante.

IV.

Si nous avons insisté avec autant de vivacité sur les avantages que présente la race mérine, c'est que, dans notre conviction, partout où elle peut réussir (1), nulle autre ne saurait la remplacer avec profit. Le temps, qui est l'allié des bonnes causes, se chargera de justifier nos prévisions. Nous n'avons qu'un désir, celui d'être utile à l'agriculture, cette industrie qui nous est si chère, car elle n'est rien moins que la fortune publique à sa plus haute puissance.

L'Europe ne suffit plus pour répondre aux besoins des nombreuses manufactures de la France, de l'Angleterre, de la Belgique et de l'Allemagne.

Pour ne parler que de la France, nous avons importé, en 1860, 532,287 quintaux métriques ou 53,228,700 kilogrammes de laines, contre 400,409 quintaux métriques en 1859; si l'on diminue, sur notre importation de 1860, environ 32,287 quintaux réexportés, on trouve que les laines étrangères introduites chez nous figurent pour une somme de cent soixante millions au moins, d'après la moyenne des prix de l'année 1860, la plupart de ces laines arrivant lavées. Admettons, ce qui semble chaque jour se vérifier davantage (2), que, par suite du nouveau régime des douanes, l'exportation de nos tissus augmente dans une proportion importante, on voit dans quelle situation d'infériorité se trouve notre production indigène. Ne perdons pas de vue que l'Angleterre fabrique à peine deux ou trois étoffes mieux que nous, et qu'en revanche il y en a beaucoup d'autres qu'elle fabrique moins bien.

Nous terminerons donc, en 1861 comme en 1856 (3), par le mot

---

(1) Il est bien clair que tous les sols, pas plus que tous les climats, ne conviennent aux mérinos; il en est de même pour toutes les autres races. Ainsi les coteaux granitiques du Limousin, de la Marche, les collines schisteuses de la Bretagne et les vallées en gneiss du Poitou, ne paraissent pouvoir produire, suivant M. Magne, que des toisons grossières.

(2) Nous pourrions citer des maisons françaises qui ont reçu d'Angleterre des commandes pour tout ce qu'elles pourraient fabriquer dans l'année.

(3) Voyez notre rapport de 1856.

d'ordre d'Alexandre Sévère au centurion de garde : LABOREMUS, *travaillons*. Nous avons bien fait, faisons mieux encore, et surtout, convaincus comme nous le sommes de poursuivre un but avantageux, n'abandonnons pas le certain pour l'incertain et ne nous laissons pas décourager par les obstacles que, tous tant que nous sommes et dans toutes les industries, nous rencontrons inévitablement sur notre route.

RAPPORT

SUR

LES LAINES ET LES ANIMAUX REPRODUCTEURS DE L'ESPÈCE OVINE

ADMIS AU CONCOURS GÉNÉRAL DE 1860 [1].

Monsieur le Président, Messieurs,

L'année dernière, au Concours départemental qui s'est tenu à Nangis, sous la présidence de M. le Préfet, cet éminent administrateur constatait, avec une grande et légitime satisfaction, les progrès considérables de l'agriculture de la Brie, et, comme conséquence nécessaire, l'accroissement important de sa richesse et de sa prospérité ; il énumérait les nombreuses récompenses obtenues par nos cultivateurs dans nos Concours régionaux, et il rappelait que nos plus beaux béliers, nos plus belles brebis de troupeaux à laine fine, indispensables pour la confection de nos principaux tissus, étaient aujourd'hui transportés, par les Anglais, au Cap, en Australie, dans l'Amérique du Sud. Le Concours général de 1860 a prouvé, de nouveau, que l'honorable M. de Bourgoing n'exagérait rien.

Sans doute, le progrès est partout ; mais l'agriculture, cette belle industrie qui occupe plus de vingt-cinq millions d'existences, travaillant sans bruit et avec une opiniâtreté invincible, a surpris ceux-là mêmes qui lui demandaient le plus (2).

L'impulsion vigoureuse imprimée par l'Empereur, qui veut être le premier fermier de son pays, et donne ainsi une nouvelle preuve de sa haute et active sollicitude pour tous les intérêts sérieux de la patrie, l'institution des concours, avec l'émulation qu'ils donnent, l'attention qu'ils attirent et les idées qu'ils provoquent, l'évidence des magnifiques résultats obtenus par les bonnes méthodes, l'introduction des machines dans la culture, fait aussi inévitable qu'indispensable, ce sont là autant de causes qui ont trans-

---

(1) Membres de la sous-commission : MM. De Mas, président, Chertemps, Dutfoy, Lefévre (des Aulnois), Roux, et Teyssier des Farges, rapporteur.

(2) « Si les autres classes de la société française, riches, bourgeois, artisans des villes, valaient pour leurs rôles ce que Jacques Bonhomme vaut pour le sien, ce n'est pas l'Angleterre, c'est la France qui serait depuis longtemps le premier peuple de l'univers. » (DE LAVERGNE, *l'Agriculture et la Population*.)

formé l'agriculture et ramené l'activité nationale vers ce premier de tous les arts utiles, trop longtemps dédaigné parmi nous.

Le département de Seine-et-Marne est un de ceux qui se sont le plus distingués à la tête de ce mouvement. Son sol fertile, sa proximité de Paris, sa bonne viabilité qui, sur tous les points, gravera en caractères ineffaçables le nom de son ingénieur en chef, M. Dajot, le drainage pratiqué sur plus de 7,000 hectares, les nombreux assainissements d'une foule de cours d'eau, ce grand nombre de fermes de premier ordre, le concours empressé de toutes les classes de la société, et, il faut bien aussi le dire, la constante et active sollicitude de M. le Préfet pour tout ce qui concerne l'agriculture, voilà ce qui nous a fait marcher à si grands pas !

Pour de tels administrateurs, pour ces cultivateurs d'élite, qui ont si puissamment contribué à notre prospérité actuelle et préparé la moisson de l'avenir, on pourra, s'il nous est permis d'emprunter une heureuse expression, épuiser les récompenses, on n'épuisera jamais la reconnaissance des habitants de Seine-et-Marne.

La commission, dont nous avons l'honneur d'être le rapporteur, a été chargée d'examiner les questions concernant les laines et les animaux reproducteurs de l'espèce ovine, au point de vue du département.

Les deux questions suivantes résument les débats auxquels cet examen a donné lieu :

1° Le nouveau régime des laines doit-il amener l'avilissement des prix, notamment pour celles que la Brie produit plus particulièrement ?

2° En présence de ce nouveau régime, convient-il de modifier nos races et de faire de la viande plutôt que de la laine, et quels enseignements nous offrent les animaux qui figuraient au concours ?

I.

La production, la fabrication et la consommation de la laine, constituent en France et dans la plus grande partie du monde civilisé une des branches principales de l'agriculture, de l'industrie et du commerce.

Les hommes les plus compétents évaluent à près d'un milliard le total des tissus de laine fabriqués en France.

Entre l'Angleterre et la France, les variations de chiffres sont peu sensibles.

Quant aux autres Etats de l'Europe, pris ensemble, on peut fixer à près de deux milliards le montant total de leur fabrication. Ils sont d'ailleurs en progrès, le Zollwerein notamment.

En 1789, la France consommait 17,661,000 kilos de laine; en 1858, 116,043,000 kilos. Sa consommation a toujours été inférieure à sa production (1).

---

(1) Tableau approximatif de la consommation de la laine en France. (Extrait des documents produits au conseil d'État.) :

	LAINES de France.	LAINES de l'étranger.
En 1789...............	10,500,000 kil.	7,161,000 kil.
1819...............	42,495,000	3,428,000
1845...............	62,570,000	21,408,000
1850	72,000,000	22,442,000
1858	80,000,000	36,043,000

La progression a été au moins aussi remarquable **en Angleterre**. En outre, les importations ont augmenté dans une proportion énorme, et le marché des laines, à Londres et à Liverpool, est devenu, en quelque sorte, l'entrepôt du monde (1).

Si l'on ajoute à la valeur des laines la valeur des animaux, il est facile de voir à quel énorme chiffre on aboutit (2).

Il est inutile d'insister sur l'importance capitale d'une pareille branche d'industrie. Aussi les gouvernements prévoyants ont-ils toujours cherché à la rendre florissante. L'Angleterre s'y est appliquée avec son énergie ordinaire, et la balle de laine sur laquelle siége le chancelier, depuis plusieurs siècles, semble être comme une tradition symbolique de l'importance qu'elle y a toujours attachée. C'est que, comme on l'a souvent remarqué, toutes ces questions de production, d'industrie et de commerce exercent une énorme influence sur la richesse et la puissance d'un pays, et de leur bonne solution dépendent souvent les destinées des peuples. Aussi, l'Empereur Napoléon Ier exprimait-il cette idée d'une manière pittoresque, lorsqu'il disait au célèbre Oberkampf, en visitant sa manufacture : « Nous faisons tous deux la guerre à l'Angleterre, mais je crois que la meilleure est encore la vôtre. »

Toutes les fois donc qu'il s'est agi de remanier le tarif des laines, et le cas s'est souvent présenté, une foule de grands intérêts se sont émus. Le

---

(1) Nous extrayons du travail de M. Pommier, sur les laines, le chiffre des quantités de laines importées en Angleterre de 1844 à 1858 (livres anglaises de 453 grammes).

1844....	65,713,761	1849....	76,768,647	1854....	106,121,995
1845....	76,813,855	1850....	74,326,778	1855....	99,300,446
1846....	65,255,462	1851....	83,311,975	1856....	116,211,392
1847....	62,592,598	1852....	93,761,458	1857....	129,749,898
1848....	70,864,847	1853....	119,396,449	1858....	126,738,723

(2) Tableau des existences ovines, en France, à diverses époques :

En 1789 (Dictionnaire du commerce).	10,500,000
En 1812 (Chaptal).	13,500,000
En 1819 (Chaptal).	18,000,000
En 1830 (Archives administratives).	29,130,231
En 1834 (Enquête officielle).	35,000,000
En 1836 (Dictionnaire du commerce).	36,000,000
En 1840 (Statistique officielle de France).	32,151,430
En 1845 (M. Perreau de Jotemps).	34,000,000
En 1846 (M. Moll).	38,000,000
En 1851 (M. Bernoville).	40,000,000
En 1852-53 (Dénombrement des commissions cantonales).	33,295,066

dont 453,085 béliers, 9,609,155 moutons, 14,507,333 brebis, 8,725,493 agneaux.

Il resulterait, de ce dernier recensement, que nos existences ovines auraient plutôt diminué qu'augmenté ; mais il convient de remarquer que les chiffres antérieurs à 1852 sont très-hypothétiques ; celui qui a dû approcher le plus de la vérité est le dernier. Au surplus, il n'est personne de bonne foi et au courant des choses agricoles depuis vingt ans qui puisse nier que nos moutons ont à peu près doublé de valeur comme quantité et qualité soit de laine, soit de viande. Comme poids et qualité de viande, Sceaux et Poissy en font foi.

Le dernier recensement fait en Seine-et-Marne donne pour ce département 667,418 têtes. Ce chiffre est inférieur aux existences, le recensement ayant été opéré à une époque où la plupart des fermiers avaient vendu aux acheteurs forains les bêtes dont ils se défont à l'entrée de l'hiver.

Citons encore l'Angleterre, qui compte	35,000,000 de têtes.
La Russie	40,000,000
L'Autriche	25,000,000

producteur, notamment, a toujours craint l'effet de mesures nouvelles ; car, pour le cultivateur, les mauvaises lois sont plus funestes que les mauvaises récoltes. Aussi, est-il facile de comprendre les inquiétudes suscitées par l'annonce de la suppression des droits sur les laines étrangères.

Mais ces inquiétudes, aujourd'hui calmées, doivent cesser complétement en présence de faits et de prévisions que tout tend à justifier, et la commission estime que le nouveau régime ne peut qu'être favorable à nos laines en général, et particulièrement à celles de la Brie (1).

En effet, c'est une chose certaine que, le dans monde entier, la production est inférieure aux besoins de la consommation.

En France, seulement, près de vingt millions d'individus ne portent, pour ainsi dire, pas de vêtements de laine, et cependant, depuis quarante ans, l'usage de la laine n'a pas cessé de s'étendre, et s'étend sans cesse. Les chiffres cités plus haut le disent assez.

La fabrication encore récente des tissus légers, dits de demi-saisons, celles des étoffes épaisses et moelleuses que tant de personnes portent l'hiver, le procédé du tissage de la laine sur une chaîne-coton qui permet de fabriquer en masse des étoffes variées qu'on peut livrer à très-bas prix, et que les Anglais envoient sur tous les marchés du monde, l'habitude chaque jour plus répandue des tapis et d'une foule de tissus dont la mode et une circonstance accidentelle ont introduit l'usage (2), l'intempérie des saisons, le besoin du bien-être ou du luxe qui gagne de plus en plus toutes les classes de la population, les procédés perfectionnés de l'industrie qui rendent applicables à un plus grand nombre d'usages les tissus de laine, tout concourt pour augmenter prodigieusement la consommation. Aussi dirons-nous, avec M. de Butenval, que l'horizon ouvert à notre production lainière est immense, et que les tarifs ne sauraient entrer pour rien dans ces grands résultats, si favorables à la production et à la consommation.

C'est encore un fait certain, que les droits n'ont pas eu pour effet d'affermir les prix, qui ont plutôt baissé avec l'élévation des droits (3).

---

(1) « Considérant, dit textuellement la chambre de commerce d'Abbeville, que les producteurs intelligents de laines françaises, que les éleveurs de moutons, qui raisonnent l'écoulement des toisons indigènes, ne s'effrayent pas des avances qui seraient faites aux laines exotiques, par la raison que ces laines exotiques, gagnant à être mêlées avec nos laines indigènes, il y aurait plutôt entre elles solidarité qu'opposition d'intérêts, puisque plus on introduirait des unes, plus il faudrait des autres »

(2) M. de Butenval, dans son excellent travail sur la tarification des laines, rapporte que le choléra fit acheter considérablement de flanelle et en a laissé l'habitude définitive à une foule de personnes ; que quand le roi Louis XVIII mourut la cour porta le deuil, la ville imita la cour ; les hommes prirent l'habit noir (jusque-là plus particulièrement porté par certaines professions) et ne le quittèrent plus. Le peuple même suivit la bourgeoisie et fit de l'habit noir son vêtement de fête ; l'Europe entière l'adopta. Reims et Sédan font dater de cette époque une des grandes reprises de leurs affaires.

(3) Tableau du prix du kil. des laines françaises, de 1817 à 1855, extrait du travail de M. Pommier :

COMMERCE LIBRE.

1817	2 fr. 90 c.		1820	3 fr. 30 c.
1818	3 45		1821	2 80
1819	2 80		1822	70

Prix moyen................... 2 fr. 99 c.

Quand il s'agit d'une production aussi considérable, ceux qui croient que les tarifs protecteurs ont une influence sérieuse sur les cours se trompent étrangement. De nos jours, avec l'extension énorme des affaires, et aussi grâce à la rapidité des communications, les prix de la matière première se règlent plus que jamais sur l'offre et la demande. Partout ils tendent à se niveler, et si la laine haussait en France, parce que la laine étrangère serait frappée d'un droit élevé, l'exportation de nos tissus deviendrait impossible, et les prix de nos laines baisseraient nécessairement. Il ne faut pas oublier que, de 1831 à 1858, notre exportation des lainages s'est élevée de 27 millions de francs à 156, et tout porte à penser qu'elle doit s'accroître dans une forte proportion.

On oppose, il est vrai, que la production étrangère menace d'augmenter d'une manière indéfinie; mais c'est encore là un véritable mirage. Il n'en est pas de la matière première comme de la fabrication. On n'arrive pas à produire la matière sans main-d'œuvre, la laine, notamment; et, comme l'a écrit spirituellement l'un de nos collègues, M. de Haut, la laine ne pousse pas sur le dos des moutons comme la mousse au tronc des arbres. Il n'y a pas de main-d'œuvre sans bras, et plus elle augmente, plus aussi augmente la population, qui consomme à son tour; c'est bien le cas de dire : partout où naît un pain, naît un homme. Et c'est ce qui a lieu en Australie, où la production lainière qui, disait-on, devait envahir le monde, ne s'est pas accrue depuis quelques années (1). La cause n'en est pas

DROIT PROTECTEUR DE 33 P. 0/0.

1823	1 fr. 76 c.	1829	1 fr. 80 c.
1824	2 50	1830	2 60
1825	2 80	1831	1 80
1826	1 80	1832	2 40
1827	2 50	1833	1 90
1828	2 40	1834	2 20

Prix moyen................... 2 fr. 20 c.

DROIT PROTECTEUR DE 22 P. 0/0.

1835	2 fr. 40 c.	1846	1 fr. 90 c.
1836	2 70	1847	2 »
1837	1 70	1848	1 40
1838	2 20	1849	2 »
1839	2 30	1850	2 10
1840	1 60	1851	2 10
1841	1 90	1852	2 30
1842	1 70	1853	2 30
1843	1 60	1854	2 20
1844	1 90	1855	2 50
1845	2 40		

Prix moyen................... 2 fr. 06 c.

DROIT PROTECTEUR AU POIDS, A 15 C. LE KIL.

De 1855 à 1859, prix moyen : 2 fr. 40 c. à 2 fr. 50 c.

(1) Importation de l'Australie de 1855 à 1858 :

1855	175,588 balles.
1856	175,909
1857	168,246
1858	169,275

Et, en 1858, on lit dans un document anglais : « Les laines d'Australie ont généralement perdu cette année sous le rapport du conditionnement. Il est à remarquer que les Sydney et les Port-Philippe contiennent plus de graterons qu'autrefois. » Remarquons, toutefois, que l'ensemble de l'importation des différentes colonies a augmenté plutôt que diminué.

seulement au départ des bergers pour les mines et à l'abandon des troupeaux, mais aussi à l'accroissement de la population, à l'alimentation de laquelle il a fallu pourvoir. De là, la plus grande cherté de la viande, et la substitution, dans beaucoup de localités, du système cultural au système pastoral. Puis, comme toujours, la grande agglomération d'animaux d'une même espèce a amené des maladies inconnues jusqu'alors, lesquelles, indépendamment de sécheresses terribles, viennent souvent décimer les troupeaux. Bref, le producteur, là comme ailleurs, doit compter avec une foule d'éléments que la nature et la civilisation entraînent avec elles. La laine d'Australie, pas plus que celle de tout autre pays, n'envahira le monde, pas plus que les blés d'Amérique n'ont envahi l'Europe, ainsi qu'on le prédisait jadis. Partout les mêmes causes produisent les mêmes effets.

Arguera-t-on de l'utilité des droits au point de vue de l'impôt? La question est sans intérêt. Nous admettons volontiers, avec l'ancien directeur des douanes, M. Bérenger, que les douanes sont en France, comme ailleurs, une branche productive qui vient à la décharge des contribuables, et l'agriculture est, à juste titre, fort intéressée à l'allégement des impôts; mais il a été constaté que la presque totalité des droits perçus sur les laines étrangères était restituée au moyen du *drawback*, et que le profit du Trésor était à peu près nul.

Quelle influence, d'ailleurs, pouvait exercer sur les cours un droit qui, depuis quelques années, ne dépassait pas 8 à 10 pour 100, alors surtout que la matière première n'entre guère dans la valeur des tissus que pour un tiers, et que l'emploi de la laine indigène est triple de celle importée.

Ajoutons que l'Angleterre, la Belgique, le Zollwerein, etc., admettent toutes les laines en franchise. Les laines fines d'Allemagne n'y ont rien perdu.

Si nous nous plaçons plus spécialement au point de vue de notre département, nous verrons que la question est encore moins douteuse.

David Low, dans son célèbre traité sur les animaux domestiques de l'Europe, s'exprime ainsi : « Certaines espèces de laines possèdent à un degré bien supérieur aux autres l'aptitude au feutrage et sont, en conséquence, très-recherchées pour faire des draps. En général, les laines courtes étant plus fines de brin, sont aussi celles dans lesquelles les lamelles écailleuses sont plus nombreuses et plus distinctes, et celles, par conséquent, qui ont la plus grande disposition au feutrage. Mais de toutes les laines connues, celle de la race mérinos est la plus parfaite à cet égard, et, par suite, la plus recherchée pour la draperie; tandis que la laine longue des grands moutons est de toutes la plus imparfaite pour la filature des laines cardées, et, par ce motif, ne reçoit jamais cette destination. Les laines courtes et frisées sont donc les seules préparées par ce procédé, et, il y a peu de temps encore, elles n'avaient pas d'autre destination. Il en est résulté une distinction populaire usitée pendant longtemps, et qui n'est pas encore entièrement abandonnée : les laines longues sont appelées *laines de peigne*; les courtes, *laines de carde*. Mais ces désignations ne peuvent pas être conservées plus longtemps; par les perfectionnements introduits dans les manufactures, on a trouvé les moyens de préparer par le peigne, aussi bien que par la carde, les laines les plus courtes et les plus fines. »

De son côté, M. Bernoville, dont la grande expérience et les vastes connaissances ont pu être appréciées de tout le monde, s'explique ainsi qu'il suit dans son remarquable rapport sur l'Exposition universelle : « Nous avons retracé l'historique, déjà bien connu, des essais faits pour le croisement de la race d'Espagne, alors la première du monde; nous avons vu qu'ils furent dirigés avec intelligence sous le règne de l'infortuné Louis XVI, mais que c'est à l'énergie, à la volonté puissante et irrésistible de l'Empereur Napoléon qu'on dût la création de ce type de moutons mérinos français *qui n'a pas d'égal en valeur pour l'industrie de la laine peignée.*

« Il y a deux faits que nous devons proclamer bien haut :

« Le premier, c'est que, sans l'introduction de la race espagnole dans nos bergeries, et sans toute l'habileté de nos agriculteurs, nous végéterions dans la dépendance des nations voisines, et nous serions réduits à nous vêtir de leurs étoffes. C'est à cette révolution admirable, dans l'élève des bêtes ovines, que nous devons la belle industrie de la filature de la laine peignée mérinos; c'est à elle que nous devons la splendeur des industries du tissage de la laine peignée à Paris, à Reims, à Roubaix, à Amiens et à Saint-Quentin (1).

« Le second fait, c'est que l'aspect, la qualité, le caractère de nos tissus modernes, en un mot, tout ce qui lui fait accorder, depuis quarante à cinquante ans, le nom d'inventions nouvelles, est dû principalement à la nature particulière de la laine peignée obtenue par le croisement espagnol. C'est grâce à la laine mérinos que le XIX⁰ siècle a changé la physionomie des tissus des siècles précédents. »

Et plus loin, après avoir énuméré une partie des nombreux tissus dont la laine mérinos a été le point de départ, M. Bernoville ajoute : « C'est à l'aspect tout nouveau de cette laine, à sa flexibilité, à sa teinte mate, que l'on doit l'industrie nouvelle, dans sa forme apparente, de la laine peignée. »

Ainsi, l'application du peignage à la laine mérinos lui a ouvert des voies nouvelles et immenses!

Or, comme les laines de la Brie sont, d'un aveu unanime, d'une qualité supérieure, qu'elles sont propres au peigne et à la carde, pourvu qu'elles ne soient pas croisées avec des races à laine longue, qu'elles sont même indispensables dans une foule de cas, il s'ensuit qu'elles sont toujours certaines de trouver un placement avantageux, et, à prix égal, d'être préférées à toutes autres laines analogues.

Et ce n'est pas seulement à la race qu'elles doivent leur supériorité; c'est aussi au climat, au sol et à la nourriture. Il est si vrai que la nourriture influe d'une manière sensible sur la laine que, dans notre département où les pratiques sont partout les mêmes, et où l'on se sert des mêmes reproducteurs, on constate des types différents entre les laines des plaines de Melun, de Provins, de Nangis, du Multien, ce Clos-Vougeot de la Brie, qu'en 1789, l'Anglais célèbre Arthur Joung, dans son enthousiasme d'agriculteur, déclarait être la terre promise de la culture.

Nous venons de résumer quelques-unes des considérations principales appelées à calmer les inquiétudes de ceux qui peuvent encore redouter le nouveau régime des laines. Nous sommes loin d'avoir épuisé ce grave sujet; mais aller au delà, ce serait dépasser les limites dans lesquelles nous devons nous renfermer.

Les toisons étaient peu nombreuses; elles rentraient toutes, d'ailleurs, dans les types de celles portées par les animaux du Concours, de sorte

---

(1) Il est juste de ne pas omettre le Cateau, qui est peut-être la plus grande filature de laine peignée et l'un des établissements de tissage les plus considérables du monde entier.

qu'en parlant des unes, nous parlerons des autres, et nous éviterons ainsi des répétitions inutiles.

Nous abordons la deuxième question.

II.

Si le nouveau régime des laines peut prêter à la discussion, il n'en saurait être de même lorsqu'il s'agit d'examiner le mérite des animaux exposés.

Bien qu'on ait pu regretter l'absence de quelques éleveurs distingués, l'Exposition représentait assez fidèlement les différentes espèces de laine et de viande produites en France.

Seine-et-Marne nous a paru l'emporter sur les autres départements qui ont exposé des mérinos (1), sous le rapport du volume et de la conformation. Ce fait était surtout sensible à l'inspection des reproducteurs de MM. Dutfoy d'Éprunes et Garnot de Genouilly, qui tiennent la tête de nos bergeries.

Hâtons-nous, d'ailleurs, d'ajouter que ceux de MM. Maître (de la Marne), Hutin de Lessart, Conseil-Lamy, Godin, Guénébault et de quelques autres, étaient d'une grande beauté.

Comme laines, les deux lots principaux de notre département étaient ceux de MM. Dutfoy et Garnot (2). Elles ont l'une et l'autre un suffisant degré de finesse, et tel qu'il le faut pour les besoins actuels de l'industrie. Nous ne devons pas d'ailleurs songer à faire des laines superfines; il faut laisser ce soin à l'Allemagne, et surtout à la Russie méridionale (3).

Quelques membres ont pensé que, pour arriver à la perfection suprême, M. Dutfoy devait viser à un peu plus de tassé, et M. Garnot à un peu plus de branche.

La laine des animaux exposés par M. Hutin de Lessart nous a paru remplir les conditions les plus essentielles pour la fabrication du peigne. Mais nous devons dire que, comparativement à celle-là, les laines de MM. Dutfoy et Garnot ont le mérite d'être propres à l'emploi du peigne et de la carde. Nous avons aussi remarqué le tassé des laines de M. Maître (de la Marne). Comme finesse, les laines de M. Godin ne laissent rien à désirer; elles sont un peu dures, défaut qui tient au sol sur lequel vivent ses moutons, et qui disparaîtrait sans doute dans une autre localité.

Les animaux des autres exposants rentraient plus ou moins dans les types que nous venons de citer.

---

(1) On conserve toujours, même dans les programmes officiels, la dénomination de métis-mérinos à notre race. Or, le métis étant le produit de deux ESPÈCES *différentes*, il est clair que tel n'est pas notre cas. C'est avec raison que les reproducteurs des bergeries impériales ont été dénommés : *Mérinos-Champenois*, *Mérinos-Rambouillet*, suivant leur contrée d'origine. On doit dire : *Mérinos de la Brie* ou de Seine-et-Marne.

(2) Nous croyons devoir mentionner que le bélier qui a été exposé par M. Colleau, d'Yèbles, provenait, ainsi qu'il l'a déclaré, de la bergerie de M. Garnot, de Genouilly. Ce bélier avait eu le premier prix au concours régional d'Amiens et le deuxième au concours de Paris; mais, à Paris, entre le premier et le deuxième prix, il était difficile de se prononcer.

(3) La partie de la Russie méridionale, recouverte d'un humus ou terreau noir, et qui porte en Russie le nom de *tchornoziome*, occupe environ cent millions d'hectares sur les parallèles qui constituent particulièrement la zone botanique des céréales. Cette contrée est très-propre à la production de la laine fine. Il est vrai que de grandes sécheresses viennent souvent désoler le cultivateur.

Nous croyons inutile de parler des purs Rambouillet, qui sont inférieurs à nos moutons comme conformation et comme branche, et dont la laine est trop fine pour nous. A plus forte raison, n'avons-nous rien à dire des moutons de Naz.

La race Graux-Mauchamp n'a pas paru, à la Commission, devoir être recommandée parmi nous. Les animaux de cette catégorie étaient d'une conformation et d'une taille médiocres, paraissaient d'une santé délicate, et portaient une laine qui, à part son caractère spécial, laissaient singulièrement à désirer sous le rapport du tassé. Cette race, inférieure à la nôtre, ne saurait être employée utilement par nos cultivateurs pour le croisement.

La race de la Charmoise, très-remarquable par sa conformation et comme amélioration du type berrichon, est sans intérêt pour notre département. Beaucoup plus petite de branche que la nôtre, elle ne produit qu'une laine commune.

Parmi les races étrangères pures, on remarquait les magnifiques southdown exposés par l'Empereur, et quelques beaux dishley. Ces races n'offrant aucune particularité nouvelle, il est inutile de revenir sur leurs qualités, qui sont parfaitement connues.

Quant aux croisements divers ou sous-races, celle de M. Pluchet de Trappes a particulièrement attiré l'attention. Nous en parlerons tout à l'heure.

Les autres croisements ont d'ailleurs donné la mesure de tous les efforts faits actuellement pour l'amélioration de celles de nos races françaises qui sont défectueuses ; mais, soit que la plupart d'entre eux n'offrent pas d'intérêt véritable pour notre département, soit qu'il convienne de garder une prudente réserve toutes les fois qu'il s'agit d'apprécier des sujets nouveaux dont la fixité est loin d'être confirmée, ou dont certaines qualités sont contestables, nous n'avons pas cru devoir insister davantage.

En résumé, nous devons être satisfaits des succès obtenus par nos éleveurs. Si quelques-uns d'entre eux ont été déçus, ils ne doivent pas pour cela se décourager ; leurs animaux n'étaient pas sans mérite ; loin de là. Qu'ils sachent bien qu'en présence d'aussi glorieux triomphes, on n'éprouve jamais que de nobles revers. Qu'ils s'appliquent les uns au tassé, les autres à la branche, ceux-ci à la finesse, ceux-là à la conformation, et ils auront atteint ce degré de perfection qu'on exige aujourd'hui dans ces grandes et belles exhibitions qui font le plus grand honneur à la France.

Arrivons maintenant à la question si controversée de la laine et de la viande.

Avant de nous prononcer, il est bon de rappeler que ce qui peut être vrai, en général, peut ne plus l'être en certains cas particuliers. Suivant le sol, la culture, les facilités commerciales et une foule d'autres éléments d'appréciations que la sagacité du cultivateur est seule appelée à peser, tel producteur aura avantage à faire de la laine, tel autre de la viande. Dans une semblable question, il n'y a donc rien d'absolu. Il serait également téméraire de prétendre qu'on ne parviendra pas à obtenir des résultats complétement imprévus aujourd'hui, mais qui peuvent se réaliser demain. Nous raisonnons donc uniquement sur les faits constatés dès à présent.

Or, ces faits tendent à établir que nos races mérinos sont au moins aussi avantageuses que les races à viande.

Cette rusticité, cette précocité, cette aptitude à donner, sans beaucoup de frais, une masse de viande, tous ces avantages qu'on se plaît à attribuer aux races à viande, n'existent que dans une certaine mesure. Pour se rendre un compte aussi exact que possible, il ne faut pas prendre comme base d'appréciation quelques bêtes d'élite préparées pour les concours, mais bien l'ensemble de troupeaux comparables entre eux. Il faut aussi ne pas tout accepter de la part de celui qui cherche à innover. En pareil cas, on s'abuse, on se fait illusion souvent; on triche même quelquefois (1). Quand on va au fond des choses, nous dirons en travestissant le poëte : le masque tombe, le mouton reste, et le profit s'évanouit.

Comparons donc entre eux deux troupeaux qui, chacun dans leur genre, soient comparables.

Le troupeau de M. Dutfoy, comme type de mérinos, celui de M. Pluchet, comme type de sous-race, peuvent, nous le pensons, être pris à juste titre comme base du débat.

Tout le monde connaît l'habileté de M. Pluchet comme agriculteur et comme éleveur, les justes récompenses qu'il a obtenues et qui ont eu pour couronnement la croix d'honneur, cette suprême distinction. Ce que chacun connaît également, c'est sa parfaite loyauté.

Nous nous serions plu aussi à parler de M. Dutfoy, mais il est de nos collègues, et sa modestie nous arrête court.

Le troupeau de M. Dutfoy nous est connu.

Celui de M. Pluchet, comme sous-race, est le plus remarquable qui existe en France. Il comprend plus de 700 bêtes, toutes plus belles les unes que les autres. C'est un mélange de mérinos et de sang dishley. Trappes est près de Paris; les fourrages s'y vendent toujours facilement et bien. M. Pluchet a voulu créer une race rustique, donnant, avec une laine d'une certaine finesse, de la viande, et destinée à consommer ses plus mauvais fourrages, qu'il ne pouvait vendre que désavantageusement. Tel a été son but, et il l'a atteint.

Sa laine est assurément la plus belle de toutes celles produites par les races croisées. Comme conformation et comme branche, on ne peut guère demander plus. Comme fixité, elle paraît être résolue.

Nous avons communiqué à M. Pluchet un relevé de la dépense que pouvait occasionner la nourriture d'un troupeau mérinos de 400 bêtes, relevé fait par plusieurs cultivateurs d'expérience, rédigé par l'un d'eux, M. Bachelier, et contrôlé par MM. Dutfoy et Chertemps, dont la droiture et les connaissances des choses agricoles ne sont contestées par personne. Ces Messieurs ont admis les chiffres donnés comme bases approximatives aussi exactes que possible. Or, toute proportion gardée entre le grain consommé, d'un côté, et la plus grande quantité de fourrage consommée, de l'autre (2), le résultat en dépense est à peu près le même. Et cela est rationnel, car la loi suprême c'est qu'on n'obtient rien avec rien, pas plus la viande que la laine.

Comme précocité, M. Pluchet nous a loyalement déclaré que ses moutons

---

(1) En 1856, l'un des membres de cette même Commission s'aperçut, en palpant le bélier primé d'un éleveur étranger, qu'on avait éméché (qu'on nous passe cette expression,) avec une rare habileté les parties de la toison de l'animal qui pouvaient nuire à la belle apparence de sa conformation. Cet éleveur, voyant que la fraude était découverte, mit soudain le doigt sur sa bouche pour réclamer le silence.

(2) Nous réservons, du reste, la question de savoir si les races croisées en général, pour être dans un très-bon état, ne consomment pas de grain. Cela fait doute, et nous avons de très-bons motifs pour émettre ce doute.

n'atteignaient leur complet développement qu'à trois ans. Nous obtenons des résultats identiques avec les mérinos.

Reste le produit. M. Pluchet nous a encore déclaré qu'il avait vendu, cette année, la toison 12 fr., et qu'il lui était arrivé de vendre 14 fr. Nous ne pensons donc pas que la moyenne ordinaire de dix années dépasse 12 fr. La même moyenne est pour M. Dutfoy de 18 fr.

Dans ces chiffres sont comprises les laines d'agneaux et de béliers.

Comme viande, il y a égalité de poids; M. Dutfoy prétend même qu'il a l'avantage.

C'est donc 6 fr. par an et par tête de différence.

Il est vrai que le troupeau de M. Pluchet est moins délicat pour la nourriture.

Cependant, nous devons faire remarquer que nos races gagnent chaque jour davantage sous ce rapport, ce qui tient principalement à un meilleur choix des reproducteurs mâles et femelles. Ceux qui ont porté leur attention sur cet objet important, ont obtenu des résultats notables. La précocité et le poids des moutons de M. Delamarre, notamment, (à Pouilly-le-Fort, près Melun), sont au moins égaux à ceux des meilleures races de l'Angleterre.

Tout bien considéré, il paraît clair que l'avantage est pour nous.

S'ensuit-il qu'il faille proscrire dans la Brie les races à viande? Loin de là notre pensée. Nous le répétons : les lieux comme les circonstances doivent guider le cultivateur intelligent (1).

Ses terres sont-elles humides? Ses paturages abondants et un peu hydropiques? Veut-il faire consommer beaucoup de pulpe? Le croisement dishley mérinos sera avantageux, et, à ce titre, on ne saurait trop recommander la race créée par M. Pluchet (2).

Sont-elles maigres? Le sol est-il très-calcaire? Le croisement southdown sera préférable, ce qui ne veut pas dire que cette race ne s'accommode pas d'une autre nourriture, de la pulpe notamment.

Ce que nous voudrions prévenir, ce sont des croisements ou des changements inconsidérés, qui font souvent éprouver des mécomptes, quand on n'agit pas avec un esprit de discernement suffisant.

Déjà un revirement d'opinion s'est opéré à propos de tous ces mélanges de sang faits avec irréflexion (3).

---

(1) « Pour qu'une agriculture soit irréprochable,» a dit M. Malézieux *(Etudes agricoles sur la Grande-Bretagne).* « il faut que, sous tous les rapports, elle soit en harmonie avec les circonstances locales, le climat, le sol, les conditions économiques du pays où elle s'exerce. Ce qui est excellent sur les bords de la Tamise, de l'Humber, de la Clyde ou du Shannon, pourrait fort bien être très-mauvais sur les rives de la Seine, de la Loire, du Rhône ou de la Garonne. Chaque sol, et surtout chaque climat a, non-seulement ses plantes, mais encore ses races d'animaux qui lui sont propres, et qui ne peuvent être impunément transportées sur un sol et sous un climat différents. La suprême habileté en agriculture consiste, non pas à contrarier la nature pour la vaincre, mais à savoir diriger sa pratique de telle façon que les forces les plus vives de la nature concourent au but qu'on s'est proposé. »

(2) En 1860, M. Pluchet a vendu 66 béliers comme reproducteurs.

(3) « Les croisements, dans les concours d'animaux reproducteurs,» dit M. Baudement, « représentent le hasard; l'amélioration obtenue est toute individuelle; c'est un accident dont on ne saurait tirer aucune promesse pour l'avenir. Nous ne cesserons de le répéter : Le croisement peut donner de bons *produits*; il ne fait que des *reproducteurs* incertains. Les animaux croisés ont

Lors du dernier Concours de Poissy, M. Barral, résumant les opinions émises, écrivait dans le *Journal d'Agriculture pratique* : « Les croisements, pour réussir, doivent être faits judicieusement, et on peut reprocher à beaucoup d'éleveurs de ne se soucier aucunement des aptitudes spéciales de leurs animaux; ils associent des qualités contraires, dont le rapprochement amène des monstres et non pas des bêtes perfectionnées. Ce fait ressortait manifestement du Concours de cette année. »

Ce qui importe essentiellement, avant de songer à changer son troupeau, c'est de ne pas se faire d'illusions sur d'autres races, d'améliorer celle qu'on a, et de comparer ensuite le résultat obtenu avec celui que produit une race différente. Mais par amélioration, il faut surtout entendre une bonne sélection d'animaux reproducteurs, et non pas toujours l'infusion dans toutes nos races indigènes du sang anglais comme type unique. Suivant certains anglomanes, c'est ce qu'il faudrait faire, et, si on les en croyait, on pourrait bientôt dire : Aimez-vous le sang anglais, on en a mis partout. Molière prétendait que l'art avait des libertés permises, et que, pour bien faire, il n'était pas nécessaire de tousser, ni de cracher comme les anciens. Nous prétendons, à notre tour, que pour bien faire, il n'est pas nécessaire de tout prendre des Anglais, et qu'on peut progresser sans copier servilement.

Il y a soixante ans au moins que la Brie a commencé à former sa race de mérinos. Cette race a acquis une juste renommée, et elle est aujourd'hui une des sources principales de sa richesse agricole. Ces fructueux résultats sont dus à l'intelligence et à la constance de nos cultivateurs qui, dès l'origine, ont eu la conscience de poursuivre un but utile. Ne changeons donc pas légèrement une industrie qui est tout à la fois un honneur et un profit, et n'abandonnons pas des voies connues pour courir, peut-être, après des chimères !

Et puis, ne craignons pas de le dire, ce qui manque chez une partie de nos cultivateurs, c'est d'écarter pour la reproduction les animaux défectueux. Si l'on apportait, en général, du moins, et à part de notables et nombreuses exceptions, dans la sélection des reproducteurs mâles et femelles, toute l'attention que réclame cette importante industrie, si l'on comprenait mieux, comme l'écrivait récemment M. Gareau (1), que la laine est un véritable produit manufacturé, dans laquelle la terre est un métier qu'emploie le cultivateur, si l'on soignait d'une manière plus rationnelle la nourriture d'un animal qui, de tous les animaux domestiques, est celui dont le sang s'enrichit et s'appauvrit le plus vite, on obtiendrait des résultats bien autrement remarquables. Qu'on le sache bien, les grands profits ne s'obtiennent qu'avec les grands sacrifices.

---

leur place légitime dans les concours où sont appelés les animaux destinés à un emploi immédiat, à une consommation qui les utilise en raison de leur valeur individuelle; ils ne devraient pas paraître dans les concours d'animaux appelés à perpétuer la race en l'améliorant. » Et plus loin : « Les races à caractères définis et douées d'aptitudes utiles peuvent aussi donner, par le croisement, des *produits* d'une valeur nouvelle ; mais, dans aucun cas, il ne faut espérer trouver, dans les animaux issus de ces croisements, des reproducteurs constants. » (*Annales du Conservatoire des arts et métiers*, pages 203 et 207.) Sans entendre adopter complètement la manière de voir de l'éminent professeur sur les croisements, nous pensons qu'il est bon d'en tenir grand compte.

(1) *Enquête sur l'état actuel de l'Agriculture française.* 1860.

C'est par la sélection des reproducteurs que les Anglais ont créé leurs belles races à viande. Avec du temps, de l'intelligence et des soins, l'homme peut beaucoup sur la bête. Il modifie son tempérament, sa forme, ses aptitudes, suivant sa volonté ; il développe ou restreint certaines parties du corps ; il augmente ou diminue le tube intestinal, il facilite ou amoindrit l'action de la peau. M. Darwin raconte, en parlant des résultats obtenus en Angleterre par les éleveurs de moutons, que lord Somerville disait avec raison : Il semblerait qu'ils aient dessiné sur un mur, à la craie, une forme parfaite, puis qu'ils aient donné l'existence à cette image. Un très-habile éleveur, rapporte M. Laugel, sir John Sebright, avait coutume de dire, au sujet des pigeons, qu'il pouvait en trois années obtenir tel plumage qu'il désirait, mais qu'il lui en fallait six pour la tête et le bec.

Réussira-t-on à produire tout à la fois la laine et la viande ? c'est un problème encore à l'état d'étude. Bien téméraire serait celui qui affirmerait qu'il est insoluble. Des faits récents tendraient même à établir qu'on marche vers sa solution. En présence des merveilles enfantées par l'industrie moderne, qui oserait fixer des limites au progrès ? Le champ des découvertes est infini, et aujourd'hui plus que jamais le monde est une immense ruche sans cesse en travail.

C'est notre éminent président qui, dans une récente solennité, disait avec un si heureux à propos (1) : « La nature, interrogée depuis tant de siècles, dit rarement son dernier mot, et, suivant la belle expression de M. de Humbolt, le regret d'Alexandre ne saurait s'adresser aux progrès de l'intelligence. L'ambition de l'esprit ne se trouvera jamais à l'étroit dans les limites du monde, et, malgré les nombreuses découvertes de nos devanciers, l'espace ne manquera pas aux conquérants pacifiques. »

Nous nous plaisons à terminer par ces belles paroles.

Le Rapporteur,

Teyssier des Farges.

---

(1) Discours de M. Drouyn de Lhuys à la séance publique annuelle de la Société d'acclimatation, en 1860.

APPENDICE.

Nous croyons utile d'extraire de l'enquête qui a eu lieu, en 1860, devant le conseil supérieur de l'agriculture, du commerce et de l'industrie, quelques fragments des réponses qui ont été faites par les négociants les plus considérables de la France et de l'étranger. On verra qu'ils fortifient singulièrement quelques-uns des points indiqués, plutôt que traités, dans l'opuscule et le rapport que nous soumettons à l'appréciation de nos cultivateurs.

M. LANSEIGNE, marchand de laines, à Paris : « ... Il y a douze ans environ, tous les approvisionnements de laines pour l'industrie française se faisaient encore par les négociants qui achetaient sur les divers marchés français et étrangers et revendaient ensuite à l'industrie, en subissant les chances de hausse ou de baisse que présente le commerce en général.

« Depuis, les industriels se sont mêlés peu à peu aux négociants, sur les divers marchés français et anglais, pour faire directement leurs approvisionnements ; si bien qu'en fait, ce sont les industriels consommateurs qui font aujourd'hui le cours de ces laines ; la spéculation n'y touche qu'avec une grande réserve.

« Dans ces circonstances, ce commerce proprement dit s'est éloigné de la France et de l'Angleterre, pour se porter vers l'importation des laines d'Allemagne, d'Espagne, de Russie, d'Australie, de Buénos-Ayres ; avec ce qu'il introduit, il alimente une grande partie de la consommation.....

« *Un fait hors de contestation, c'est que la laine de France, consommée uniquement par nos industriels français,* EST LA MEILLEURE LAINE DU MONDE. Sans être la plus fine, elle réunit les propriétés essentielles à tous les genres de tissus cardés et peignés : elle est sans similaire.

« Inutile de dire que tout industriel est dans une égalité parfaite pour l'acheter. L'étranger qui voudrait faire ses approvisionnements en France, l'Anglais, par exemple, aurait à supporter simplement les frais de commission et de transport.

« Par réciprocité, le Français qui achète des laines à Londres, supporte des frais semblables, soit 1 1/2 0/0.

« La principale cause d'égalité sur les marchés anglais provient de l'usage des enchères publiques. Cette habitude se répand en France (1), où les négociants importateurs adoptent aussi ce mode de vente. Ainsi, depuis deux ou trois ans, il se fait à Rouen et au Havre, des ventes très-importantes où des étrangers viennent faire des achats.

« L'égalité qui est ainsi démontrée entre Français et Anglais, sur leurs marchés réciproques, se rencontre de même sur les autres marchés où s'approvisionnent l'importation, en Allemagne, en Russie, en Espagne, à Buénos-Ayres et même en Australie. Cette position d'égalité presque absolue, que l'on rencontre partout, est facile à justifier.....

« Il résulte du détail qui précède, que nous payerons 1 1/2 à 2 0/0 de plus que les Anglais sur les laines coloniales à Londres, et que les Anglais et les Français payeront, en moyenne, sur les marchés allemands, russes, espagnols, environ 5 à 6 0/0 de plus que les habitants de ces pays.

« Quant aux marchés de l'Australie et de l'Amérique du sud, l'égalité entre Français et Anglais sera complète relativement aux achats.

« Comme on le voit, nos principaux concurrents, les industriels anglais, n'ont, à vrai dire, aucun avantage sérieux dans leur approvisionnement de laines de toutes provenances ; car, par la suppression des droits d'entrée, *le cours des laines devient européen*, et il ne s'agit plus que d'une différence de transports et de menus frais dans les limites que nous venons d'indiquer, transports et frais qui se réduiront encore.

« Il est bien évident que la France ne produit pas assez de laines pour sa consommation et qu'elle est obligée d'avoir recours à l'importation. Notre industrie du peignage et du cardage achète des laines d'Australie, d'Allemagne, de Russie, comme spécialité, pour soutenir la concurrence des beaux tissus, et comme appoint, parce que ces laines sont douces et fines ; mais les laines de France sont les meilleures, e*l si la France produisait assez, les industriels n'iraient chercher ailleurs que les laines surfines.* »

M. LARSONNIER, de la maison Bernoville frères, Larsonnier frères et Chenest, fabricants de tissus de laine à St-Quentin : — « L'industrie de la laine se meut dans des conditions généralement difficiles. La matière première est fort chère et le prix du fil n'est pas suffisamment rémunérateur. On aurait pu croire que la suppression des droits d'entrée sur la laine étrangère aurait eu pour résultat d'abaisser les cours en France; il n'en a pas été ainsi : la tonte, cette année, s'est vendue plus cher que les années précédentes, et les laines étrangères ont augmenté dans une proportion équivalant aux droits supprimés.

« Cette anomalie est due à plusieurs causes : les producteurs français savent que la fabrique ne peut se passer de leurs laines ; le métis-mérinos a des qualités qui le rendent indispensable dans beaucoup d'articles. Malgré les énormes améliorations de la laine d'Australie, il y a beaucoup de tissus

---

(1) Il est grandement à désirer, pour le producteur, comme pour l'industriel et le commerce, que ce mode de vente aux enchères prenne en France la plus grande extension possible.

(Note de l'Auteur.)

auxquels elle n'est pas encore favorable ; pour ces tissus, il faut l'emploi du métis-mérinos, sinon d'une manière absolue, du moins dans une certaine proportion. »

Nous pourrions multiplier ces citations ; nous croyons qu'il est inutile de les étendre davantage, puisque ce serait la répétition des mêmes idées sous une autre forme.

Dans un autre ordre d'idées, voici ce que disait M. WARNIER, négociant en tissus et en laines, à Reims : — « On trouve dans le compte rendu du jury de l'exposition de 1855, ces constatations officielles :

« 1° Que la France occupe le premier rang dans la filature de la laine peignée, par la perfection de ses produits ; que ses fils fins et extrafins ont la préférence sur les marchés étrangers, et que son exportation, dans ce genre, s'est accrue annuellement d'une manière très-marquée ;

« 2° Que, dans l'industrie de la filature cardée, Reims a conservé la supériorité sur ses rivaux étrangers, grâce à MM. Croutelle, Sentis, Lachapelle et Levarlet, Benoist et Cie, Lautein, etc.;

« 3° Que, dans la fabrication des draps, la France s'est placée sur la même ligne que ses rivaux, et que, dans la nouveauté, elle occupe le premier rang. En effet, nous avons à Reims des fabricants extrêmement habiles dans cette spécialité. Leurs produits sont fréquemment vendus pour l'exportation. M. Desteuque et M. Mangin, que vous avez entendus, comptent parmi ceux dont les genres sont les plus estimés ;

« 4° Que, pour le mérinos, Reims ne rencontre aucune concurrence sérieuse sur les marchés étrangers ;

« 5° Que, pour les flanelles de santé, Reims a une supériorité incontestée. Les produits de la maison Croutelle soutiennent la concurrence de l'étranger dans les qualités au-dessous de 2 francs ; ils n'en rencontrent pas de sérieuse dans les qualités fines ;

« 6° Que le mérinos écossais est produit par Reims à des prix qui soutiennent la concurrence de la Saxe ;

Et enfin, que, pour les châles, on lutte avec l'Ecosse, la Prusse, l'Autriche, la Belgique. La maison Machet et Paroissien est parvenue à produire le châle écossais, genre de Paisley, dans des conditions qui peuvent facilement soutenir toute concurrence. »

C'est un fait incontestable que, pour les articles de goût, les nouveautés, les tissus fins, la France a la supériorité sur ses rivales et qu'elle peut défier toute concurrence. Pour les tissus communs et à bas prix, elle a plus de peine à lutter contre l'étranger sur le marché extérieur. Ces résultats sont d'ailleurs conformes au génie de la nation. Ils sont, avons-nous besoin de le dire, un argument décisif de plus en faveur des laines mérinos intermédiaires que nous produisons.

Nous ne croyons pas sans intérêt de mettre sous les yeux du lecteur le tableau suivant de la quantité de laine, de poil de chèvre et d'alpaga mise en œuvre dans la Grande-Bretagne, et qui est extrait des rapports du *Board of Trade*, et de l'Histoire de l'industrie linière de James.

	1857.	1858.	1859.
	KIL.	KIL.	KIL.
Production de laine indigène.........	108,720,000	113,25.,000	117,780,000
Quantité de laine indigène exportée...	6,859,725	6,095,560	4,092,937
Consommation de la Grande-Bretagne..	101,860,275	107,154,440	113.687,063
Importation de laines étrangères......	57,708,070	56,194,917	59,285,469
Exportation de laines étrangères.......	16,469,425	12,044,104	13,059.980
Consommation de la Grande-Bretagne..	41,258,645	44,150,813	46,225,489
Importation de poil de chèvre........	1,360,929	1,716,988	1,092,560
Importation d'alpaga................	1,068,632	1,217,724	1,133,240
Ensemble..................	2,429.661	2,934,712	2,225,800
Exportation...................	59,284	51,694	125,376
	2,370,577	2,883,018	2,100,424
Laine anglaise....................	101,860,275	107,154,440	113,687,063
Laine étrangère.........	41,258,645	44,150,813	46,225,489
Ensemble..................	143,098,920	151,505,253	159,912,552
Alpaga et poil de chèvre............	2,370,577	2,883,018	2,100.424
Consommation totale de la Grande-Bretagne.....................	145,469,297	154,188,271	162,012,976
Proportion de la laine..............	98 37	98 15	98 70
Proportion de l'alpaga et de poil de chèvre......................	1 63	1 87	1 50

Moyenne............... { 98   40 } { 1   60 }

C'est-à-dire que, sur la quantité totale de la laine filée en Angleterre, l'alpaga et le poil de chèvre ne représente que.......... 1 60 }
La laine .... 98 40 } 100 00

Ajoutons que le coton entre pour un cinquième au total dans la fabrication des tissus de laine dans la Grande-Bretagne.

NOTE SUR LES TROUPEAUX D'ESPAGNE.

C'est de l'Espagne, avons-nous dit, que sont partis tous les reproducteurs mérinos qui ont servi à répandre cette précieuse race dans tous les États du monde moderne. A ce titre, il nous sera permis d'entrer dans quelques détails. Nous les puiserons, souvent presque textuellement, dans des documents obligeamment fournis par une personne éclairée qui habite l'Espagne, et dans l'ouvrage déjà cité de M. de Bourgoing.

Suivant la plupart des auteurs, Columelle, ou Varron, son oncle, paraît être le premier qui aurait introduit en Espagne des moutons à laine fine tirés des côtes d'Afrique ; mais, d'après des probabilités historiques fort respectables, il y aurait plutôt lieu de croire que le type du mouton-mérinos existait en Espagne bien antérieurement, qu'on le considère comme indigène ou comme importé d'Afrique. Les relations du midi de la Péninsule avec le nord de cette contrée et les possessions carthaginoises étaient déjà très-développées longtemps avant les guerres puniques. Il est évident que les nombreuses communications commerciales établies entre les deux peuples, dans un temps où la laine était la matière première par excellence,—on sait combien les anciens étaient fiers de la blancheur et de la finesse de leurs laines,—durent profiter à l'amélioration des troupeaux et à des échanges de reproducteurs entre les deux pays. Quoi qu'il en soit, il est certain que, depuis un temps immémorial, les Espagnols prenaient un grand soin de leurs troupeaux et les considéraient comme leur principale richesse. *Omnis pecunia ex pecude*, disait l'ancien adage.

Mais les meilleures choses sont bien souvent une source d'abus, et c'est ce qui est arrivé pour les troupeaux de l'Espagne, dont la possession a été une véritable passion nationale à laquelle l'agriculture a été quelquefois sacrifiée. En effet, par la suite des temps, la nécessité d'abord, l'intérêt personnel ensuite, ont fait consacrer des usages qui ont été ruineux pour la culture. A l'origine, certaines montagnes, notamment celles de Soria et de Ségovie, incultes et bonnes pour le pâturage, étaient, pendant l'été, l'asile de quelques troupeaux du voisinage. A l'approche de l'hiver, la température n'était plus supportable pour eux. Ils descendaient alors dans les plaines. Leurs possesseurs firent convertir bientôt cette convenance en droit, à une époque où l'état peu avancé de la culture rendait ce privilége insensible. Ils formèrent ensuite une communauté qui, par degrés, s'augmenta de tous ceux qui, acquérant des troupeaux, désiraient jouir des mêmes prérogatives. Le théâtre s'étendit donc à mesure que les acteurs devinrent plus nombreux. De là un corps de coutumes et d'usages consacrés par le temps et qui, sous les rois chrétiens, se traduisirent en actes législatifs de la plus haute importance; de là une vaste corporation très-puissante, très-bien en cour, où elle était représentée par les seigneurs les plus riches, et connue sous le nom de *la Mesta*. Cette corporation jouissait, pour le parcours des troupeaux voyageurs, dans toutes les directions, de priviléges énormes qui entamaient quelquefois le droit de propriété; ainsi, à l'allée et au retour, les troupeaux paissaient le long de leur route dans les communes; les ordonnances fixaient quarante toises au chemin par où ils passaient; les pâturages qui les attendaient ne pouvaient être affermés qu'à un prix très-modique, etc., etc. Tous ces priviléges étaient maintenus au moyen de la juridiction exercée par le *Consejo real de la Mesta*, personnification toujours vivante, toujours agissante de l'intérêt pastoral.

Lorsque le mal commença à devenir insupportable, il avait jeté de profondes racines, et ce qui, dans l'origine, avait été une tolérance sans dommage, devint, comme le prouve si bien la fable toujours vraie de la *Lice et de sa Compagne*, un droit aussi abusif qu'inattaquable. Beaucoup d'Espagnols éclairés cherchèrent, mais en vain, à le faire disparaître ou tout au moins modifier; Cervantes lui-même compte parmi ceux qui l'ont combattu. C'est depuis trente ans à peine qu'on a commencé à revenir au droit commun et à détruire ou modifier les anciens priviléges; le progrès des idées, la suppression des priviléges, la vente des biens nationaux, la substitution du système cultural au système pastoral, tout a concouru pour faire cesser des abus dommageables même aux grands propriétaires qui en profitaient, car ceux-ci ne sont jamais plus riches que quand la prospérité agricole est grande; à l'inverse de tant d'autres spéculations où le bénéfice de l'un est trop souvent la ruine de l'autre, l'aisance du cultivateur profite à tout le monde et principalement aux propriétaires ruraux.

Cependant, il serait injuste de le nier, la *Mesta*, qui a été une véritable institution politique et sociale, a eu son côté utile, surtout lorsque l'agriculture était tout à fait arriérée. Les mérinos ont plus rapporté à l'Espagne que tous les trésors du Nouveau-Monde, et c'est à juste titre que les Espagnols ont été et sont fiers de cette admirable race. Ils lui ont dû une grande partie de leur bien-être à une époque où le paysan des autres contrées était fort misérable. Ils portaient des vêtements et des bas de laine, alors qu'ailleurs le peuple avait à peine de mauvais effets de toile. Autrefois, tout ce qui était noble possédait des mérinos, et tout ce qui possédait des mérinos avait la prétention d'être noble. Les provinces, les villes montraient avec un légitime orgueil leurs troupeaux, et la ville de Soria, qui croyait posséder les plus fins de ceux qui hivernent en Estramadure, porte encore dans ses armes la devise : *Soria pura cabeza de Estramadura* (Soria, dont la race pure est première en Estramadure). Aujourd'hui, la laine, même la plus commune, est toujours pour le propriétaire espagnol sa marchandise de prédilection, sa marchandise noble, celle dont il s'enorgueillit, celle dont il ne se défait qu'à la dernière extrémité et après s'être bien assuré que personne dans la contrée ne vendra plus cher que lui. S'il a besoin d'argent, il aimera mieux céder son blé, son vin, son huile, ses bois au-dessous du cours, mais sa laine est le dernier sacrifice auquel il se résignera, et il ne le consommera qu'en soupirant. On voit quelquefois des Espagnols garder leurs laines pendant plus de dix ans,

puis vendre les dix années de tonte ensemble, le tout pour ne pas céder
au-dessous des prix qu'ils estiment que valent leurs laines.

Les troupeaux espagnols de mérinos peuvent être partagés en trois
grandes catégories :

1° Les troupeaux voyageurs ou émigrants, en espagnol *trasumantes* (du
latin *trans* et *summus*). Ce sont ceux qui fournissent les plus belles laines;

2° Les troupeaux sédentaires, *estantes*, (du latin *stare*);

3° Les troupeaux métis de race mêlée ou dégénérée.

Dans le xvie siècle, on comptait jusqu'à sept millions de moutons voyageurs. Sous Philippe III, ce nombre était tombé à deux millions et demi.
Ustariz, qui a écrit au commencement du siècle, le portait à quatre millions. Vers 1808, l'opinion générale était qu'il ne dépassait pas cinq millions. On estimait alors à huit millions de têtes le surplus des troupeaux.
C'est donc environ treize millions de têtes que pouvait compter en Espagne la race ovine. Napoléon Ier disait : « L'Espagne a vingt-cinq mil-
« lions de mérinos; je veux que la France en ait cent millions. » Nous
sommes encore bien loin de là, car nous n'avons pas encore fait le tiers
du chemin. Quoi qu'il en soit, nous ignorons à quelle source avait puisé
l'Empereur; mais il paraît probable que ce chiffre était fort exagéré. Nous
ne pensons pas que le nombre des existences se soit accru depuis l'époque
dont nous venons de parler.

Les troupeaux voyageurs hivernent presque tous en Estramadure, quelques-uns seulement en Andalousie, dans les pâturages de la Sierra-Mo-
rena. Ils quittent leur campement d'hiver en mars et avril et émigrent, en
suivant des itinéraires réservés, vers les hauts plateaux des provinces de
Léon, Ségovie, Burgos, Soria, Cameros, où ils trouvent des pâturages plus
frais que ceux des plaines desséchées de l'Estramadure, et où ils restent
jusqu'en octobre. Des lieux où ils paissent viennent, dans l'ordre de
finesse, les dénominations appliquées à chaque qualité de laine, savoir :
1° léonèse; 2° ségovienne ; 3° burgalèse ; 4° soriane; 5° camérane.

Les numéros 1, 2 et 3, mais surtout 1 et 2, sont très-supérieurs, comme finesse, douceur, régularité, aux numéros 4 et 5. Ces derniers ont, la plupart
du temps, appartenu à des propriétaires pauvres qui n'ont pu améliorer ou
ont laissé leurs races se détériorer. De plus, et telle est peut-être la cause
principale de la différence qui existe, les pâturages de Soria et de Cameros
donnent une herbe moins fraîche et moins fine que ceux des autres contrées que nous venons de nommer, car, partout, il faut en revenir à cette
loi suprême que nourriture passe nature.

C'est un fait incontestable que les troupeaux voyageurs, qui ont, pendant une grande partie de l'année, une nourriture saine et abondante avec
un climat tempéré, produisent une laine de beaucoup supérieure à celle
des troupeaux sédentaires, beaucoup moins bien nourris et qui souffrent
souvent d'une température trop chaude. Quelques personnes ont pensé
que des marches soutenues au printemps pendant un mois et pendant un
autre mois en automne exerçaient sur les troupeaux voyageurs une influence physiologique dont l'action se faisait sentir sur la laine; mais c'est
là une erreur que les mérinos d'Allemagne, qui produisent aujourd'hui
les laines les plus fines du monde et dont le régime est tout différent, ré-
futent suffisamment.

Ce qui est constant, en Espagne comme ailleurs, c'est que, suivant les
soins, la nourriture et le climat, le mérinos s'améliore ou dégénère.

Les laines des troupeaux sédentaires comprennent principalement :

Celles de Caceres, Truxillo, Badajoz ;
Celles de la Serena, don Benito et des environs ;
Celles de Barros ;
Celles des frontières du Portugal.

Ces dernières sont très-mal métissées, ont le bout de la mèche pointu et crineux, les cuissards communs, et peuvent, pour la plus grande partie de la toison, être classées parmi les entre-fines.

En ajoutant à cette catégorie les laines fines de Navarre, de Molina, les meilleures de Talavera, on aura une idée à peu près complète de la production des laines fines en Espagne.

Dans la catégorie des mérinos dégénérés, on trouve des troupeaux de cette sorte à peu près dans toutes les provinces de l'Espagne, avec les différences dues au climat et aux pâturages. Ils donnent, en général, des laines entre-fines. Les principales sont de Talavera, de l'Andalousie, d'Aragon, de Saragosse, etc. Viennent ensuite celles de la Navarre, de la Castille, etc.

Une partie des laines d'Espagne est consommée dans le pays ; l'autre partie est exportée principalement en France, et, pour une faible quantité, en Portugal et en Angleterre, qui en prend fort peu depuis l'élève du mérinos en Australie, au Cap, etc.

Les prix, à la frontière et dans les ports, varient suivant les qualités et les années, savoir :

Pour les laines en suint :
De 2 fr. à 3 fr. 50 c. pour les laines supérieures ;
De 1 fr. à 3 fr. pour les laines fines ;
De 1 fr. 50 c. à 3 fr. pour les entre-fines.
Pour les laines lavées :
De 5 fr. à 7 fr. ;
De 4 fr. à 6 fr. ;
De 2 fr. 50 c. à 4 fr.

Le rendement au lavage espagnol, qui laisse encore 8 à 10 0/0 de perte au dégraissage en fabrique, varie, suivant les années et les lieux, sur le poids de la toison en suint de :

38 à 45 0/0 pour les laines fines émigrantes ;
28 à 33 0/0 pour les laines fines sédentaires très-chargées de suint ;
35 à 47 0/0 pour les laines sédentaires peu chargées ;
36 à 70 0/0 pour les entre-fines.

C'est dans les hautes laines ségoviennes et léonèses qu'on trouve les meilleures laines à carde pour draperie ; les mèches sont courtes, frisées et très-ondulées.

Dans les bonnes sortes léonèses et dans les laines fines sédentaires se trouvent les meilleures laines à peigne. Elles joignent à la finesse le nerf et le corsé qui permettent de les filer très-fin sans les énerver. Elles ont, comme celles de France, cet avantage sur les laines d'Australie qui, généralement, manquent de nerf.

Le nerf, la force, la solidité, la durée, tels sont les caractères principaux des bonnes laines d'Espagne.

On trouve encore dans ce pays une assez grande quantité de laines noires et brunes, dont les plus remarquables sont celles de Tudela, d'Andalousie et d'Estramadure. C'est à ces laines qu'il faut attribuer l'usage de porter des manteaux et des vêtements bruns. Cette race de moutons doit sa conservation et sa reproduction aux soins de l'homme.

Les Espagnols font peu usage du mérinos comme viande de boucherie, ce qui tient sans doute, d'une part, à ce qu'il est élevé exclusivement en vue de la production de la laine, et, d'autre part, à ce que la sécheresse des pâturages et l'absence des légumineuses et des prairies artificielles rendent difficile ou très-coûteux l'engraissement du mouton. Principalement dans la partie méridionale, l'alimentation presque exclusive des campagnes consiste dans la viande de bouc châtré à l'âge de deux ans. C'est ce qui fait qu'on rencontre de nombreux troupeaux de chèvres, de race très-fine et très-jolie.

Ainsi que nous l'avons dit, les laines d'Espagne ne sont plus renommées aujourd'hui comme elles l'étaient jadis. Nous avons expliqué les causes de cette décadence, et nous avons ajouté que maintenant les propriétaires des troupeaux les plus importants, faisant un retour vers le passé, songaient à reconquérir leur ancienne suprématie. Ils font venir des reproducteurs de France, d'Allemagne et de Russie. Bien que les priviléges de *la Mesta* aient dû en grande partie disparaître, il y a lieu de croire que, grâce aux progrès agricoles et à des combinaisons sur lesquelles on finira par se mettre d'accord, les propriétaires de troupeaux pourront tout à la fois utiliser les excellents pâturages dont, pendant tant de siècles, les troupeaux voyageurs ont profité, et remédier à la sécheresse des terres de la plaine par des améliorations et par la culture de plantes propres à la nourriture de ce précieux bétail.

Pour nous, qui avons toujours pensé que plus un pays est prospère, plus les États voisins en profitent, nous formons, indépendamment de nos sympathies pour cette terre espagnole si féconde, des vœux sincères dans l'intérêt de sa prospérité renaissante, et nous lui répéterons que la base première de toutes choses est l'industrie agricole, sans laquelle rien ne vaut et rien ne marche.

TABLE.

9 782329 456683